高等院校艺术学门类"十四五"系列教材

CG绘画技法

（第二版）

CG HUIHUA JIFA

主　编◎吴　博

参　编◎石倚凡　盛　倩　张晓彤　邱煜明

华中科技大学出版社

http://www.hustp.com

中国·武汉

图书在版编目（CIP）数据

CG 绘画技法 / 吴博主编 . — 2 版 . — 武汉：华中科技大学出版社，2022.6（2023.7 重印）
ISBN 978-7-5680-8298-3

Ⅰ . ① C⋯　Ⅱ . ①吴⋯　Ⅲ . ①三维动画软件　Ⅳ . ① TP391.41

中国版本图书馆 CIP 数据核字 (2022) 第 079208 号

CG 绘画技法（第二版）
CG Huihua Jifa（Di-er Ban）

吴博　主编

策划编辑：彭中军
责任编辑：彭中军
封面设计：孢　子
责任监印：朱　玢

出版发行：华中科技大学出版社（中国·武汉）　　电话：（027）81321913
　　　　　武汉市东湖新技术开发区华工科技园　　邮编：430223

录　　排：武汉创易图文工作室
印　　刷：湖北新华印务有限公司
开　　本：880 mm×1230 mm　1/16
印　　张：12
字　　数：423 千字
版　　次：2023 年 7 月第 2 版第 2 次印刷
定　　价：69.00 元

前　言

　　CG 绘画，也叫数字插画。动画专业、插画专业、数字媒体专业基本上都要学习这门课程，只是叫法不同而已。

　　刚开始写这本书的时候，笔者自信满满，可是越写到后面越是感觉到自己的不足。笔者已有两三年没有接触商业插画和游戏美术的业务了，技巧也生疏了。书快完成的时候，我深深地感觉到这门技术和商业的供求关系是那样紧密。商品需要哪种画法、哪种效果我们就得按照客户的要求来做。所以，前期必须熟练掌握一到两种风格或者技法，只有先适应市场，才有机会慢慢塑造出自己独特的个人风格。

　　本书的理论部分内容比较详细，还附带一些笔者个人的心得，也参考了一些国内 CG 教学方面大师的理论和教学方法，希望对读者的 CG 绘画认知有所帮助。

　　最后，希望本书对各位初学者都有所帮助。学 CG 绘画，前面有一座又一座的"名家"大山，个人技术和风格也不是一朝一夕可以练成的，谨记创作一幅是一幅，量变才能引发质变。谨以此书与君共勉！

吴博

1   **0**   **实例**

3   **第一章**   **CG 绘画概论**

     第一节   CG 绘画的发展与应用 /4
     第二节   CG 绘画 5 大基础技法 /23

31   **第二章**   **CG 绘画基础**

     第一节   素描基础 /32
     第二节   色彩搭配 /34
     第三节   如何构图 /46
     第四节   人体结构 /62
     第五节   空间透视 /67
     第六节   软件基础——几何体基本造型 /75
     第七节   软件基础——工业造型强化练习 /92

105   **第三章**   **线稿上色制作法**

     第一节   图层路径制作画法 /106
     第二节   路径画笔组合画法 /124
     第三节   SAI 勾线水彩画法 /141
     第四节   SAI 填色叠加画法 /152
     第五节   SAI 笔刷流快速染色法 /161

171   **第四章**   **直接绘画成像法**

     第一节   素描叠色法 /172
     第二节   直接画法——角色的快速表现 /178
     第三节   笔刷流——数字风景绘画实例 /182

目录

0 实　　例

本书实例图如图 0-1 至图 0-10 所示。

图 0-1　实例图 1

图 0-2　实例图 2

图 0-3　实例图 3

图 0-4　实例图 4

图 0-5　实例图 5

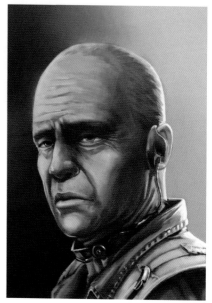

图 0-6　实例图 6

图 0-7　实例图 7

图 0-8　实例图 8

图 0-9 实例图 9

图 0-10 实例图 10

第一章

CG 绘画概论

CG HUIHUA GAILUN

第一节　CG 绘画的发展与应用

一、CG 绘画的起源和发展

　　CG 绘画，也叫作数码绘画，或者是计算机辅助绘画（CG 是英文 computer graphic 的首字母缩写，即计算机图形图像。computer graphics 称为计算机图形学）。综合来说，CG 绘画就是利用计算机及其专用软件进行的绘画活动和绘画作品的总称。

1. 计算机图形图像的起源和发展

　　在定义 CG 绘画之前，先来简略介绍计算机图形图像的发展历史。

　　1946 年 2 月 14 日，人类史上第一台电子计算机在美国诞生了，取名埃尼阿克。

　　计算机美术的起源可以追溯至 1952 年，相关资料表明，在美国，本·拉普斯基用计算机和一种电子阴极管示波器创作了被其称为"电子抽象"的艺术品。

　　1956 年本·拉普斯基创造了一种彩色电子图像。同年，赫伯特·W.弗兰克在维也纳创造了具有艺术意味的示波图。

　　最早用计算机绘画的人通常被认为是 K.阿尔斯莱本和 W.费特，1960 年他们在德国所进行的计算机绘画探索颇受世人注目。但用数字计算机制作出真正意义上的"艺术作品"却是 5 年以后的事情。[1]同年，麻省理工学院心理声学专家立克里德发表了一篇文章——《人－计算机共生关系》，他把计算机称为人类的"合作伙伴"，铿锵有力地宣称：我们希望在不久的将来，人脑与计算机紧密合作，结为一体，以人脑前所未有的全新方式来思考问题，以任何数据处理机器所从未采用过的方式来处理信息。这篇文章可谓石破天惊，被认为是那个时代"最富想象力和独创性的思考"，他第一次提出了"人机"关系的命题。

　　1962 年，一个计算机图形处理方面的高级研讨会临结束的前一天，一位麻省理工学院的青年博士研究生提交了论文并发言，他就是伊凡·苏泽兰（见图 1–1）。会议主席邀请他在次日大会发言。伊凡·苏泽兰用幻灯片向与会者展示了他的一项发明，说此项发明是他博士论文的一部分。他用一支光笔在计算机显示器上画一幅画，然后以文件的形式将这幅画存储在计算机中。需要用时，打开文件，对原来的画进行随意变大缩小操作，可小到一点，可大到无限大（当然显示器上只能显示一小部分）。伊凡·苏泽兰把这一发明叫"画板"（见图 1–2）。伊凡·苏泽兰的演示一结束，与会者感到非常震惊，意识到这位青年博士研究生已做出一件不同凡响的开创性工作。[2]伊凡·苏泽兰被誉为"计算机图形学和虚拟现实之父"，对其后的计算机图形学虚拟现实发展、图形软件硬件开发等都产生了深远的影响。

　　1965 年不同国家的几位艺术家分别独立完成了自己的数字绘画作品，他们是 Frieder Nake 和 Georg Nees（德国），A.Michael Noll，K.C.Knowhon，B.JuLesz（美国）。从数字绘画"作品实际产生"的意义上来说，这些艺术家在 1965 年所绘制的数字绘画作品可以算作是 CG 绘画的起源。自此以后，计算机美术便受到了越来越多人的关注。经科学界和美术界同仁的共同努力，计算机美术软件初步成熟，并被影视、广告、装潢和设计行业积极采用。同时，计算机美术作为一种新型的视觉艺术被国际性的艺术活动所采用。

---

[1]《数字艺术论（上）》，廖祥忠，中国广播电视出版社，2006 年。
[2]《IT 史记》，方兴东、王俊秀，中信出版社，2004 年。

图 1-1 伊凡·苏泽兰

图 1-2 伊凡·苏泽兰与他的"画板"

1982 年美国 SGI 公司（Silicon Graphics Inc）成立，创始人 James Clark 博士发明了几何图形发生器。1983 年他推出了第一批图形终端，1984 年推出了第一批图形工作站。[1] 计算机图形图像数字化技术也被传统艺术家所采纳、应用到造型艺术的创作领域，并逐步得到发展与完善。计算机美术从加拿大、美国、法国和以色列等国开始向全球蔓延，并逐步演变为独立于传统艺术之外的一门新兴艺术。

20 世纪 80 年代，中国经历了"八五美术"的新潮，国外计算机美术作品开始进入中国。

20 世纪 80 年代后期，国内已经有少部分影视和计算机公司开始用三维动画为影视作品做一些简单的特技效果和节目片头，并逐步扩大到广告制作领域。[2] 20 世纪以后，随着计算机技术的不断发展，数字技术已经开始与艺术领域完美结合。从此，数字技术在艺术表现中形成了独特的视觉表现形式、语言、质感和图像。数字技术开始体现出自身的艺术价值，成为艺术殿堂中的一颗闪耀夺目的新星。

2. CG 绘画发展的环境因素

CG 绘画发展的很大方面取决于外界环境因素的发展，它不像纯艺术画派或画种等纯粹的继承流传方式，而必须建立在以下几点环境因素的基础之上。

1）绘图软件的发展

工欲善其事，必先利其器。CG 绘画这一行业是跟着绘图软件的更新一起进步的。从最开始伊凡·苏泽兰的"画板"，到微软公司的 Windows 的画图工具，到 CAD（计算机辅助设计，computer aided design）、CAM（计算机辅助制造，computer aided manufacturing），再到我们常见的 Photoshop、CorelDRAW、Painter、Flash、Zbursh、3Dmax、Maya……随着这些软件的不断产生和更新，CG 绘画的表现方式也越来越多，也就产生了各种各样的表现技法和风格形式。从早期的二维线形图像，到现在的带光感质感虚实的三维图像，充分说明了 CG 绘画是随着绘画软件的发展而进步的。有想法而现有的软件技术无法表达出来，那么就会催动软件技术的更新或者新软件的诞生；而新的软件技术或新软件又给 CG 绘画带来了更广阔的平台，促使其在表达手法和创意上的进步。因此，CG 绘画技术的进步与绘图软件的更新换代是相辅相成的关系。

2）计算机硬件的发展

硬件也是影响 CG 绘画发展的一个重要因素。存储设备从早期的 KB 到现在的 TB，满足了 CG 绘画文件体积越来越大、素材文件越来越多的要求。内存、处理器的变革使我们在运行软件时越来越流畅。显示器的更新也使

---

[1] 《数字艺术论（上）》，廖详忠，中国广播电视出版社，2006 年。
[2] 《上海市中小学计算机美术教学的调查研究》，闫慧，华东师范大学硕士学位论文，2010 年。

得我们的软件工作区域越来越大，越来越精致。显卡的更新更为重要，特别是在 3D 图像领域，它的作用不言而喻。外部输入设备中扫描仪、相机的更新使我们可以轻松地将设计稿导入绘图软件中。特别重要的是数位输入设备，也就是我们常说的数位板，它的出现完全解决了计算机模拟压感的问题，让我们在使用计算机进行绘图时和在架上绘画时的感觉完全一样，轻、重、缓、急的绘画手法在软件中得到了完美的体现。

3）印刷产业的发展

印刷行业可以简单地划分为传统印刷与数字印刷。1878 年，James Cleohane 致力于研究打字机和莱诺整行铸排机，希望通过这两种设备使人类的思想直接体现到印刷页面。从此开始，印刷设备得到了快速的发展，从打字机到撞击式打印机、非撞击式打印技术，再到激光打印技术，再到后来的喷墨印刷、热打印技术、数字印刷机。印刷设备的发展直接导致印刷行业对印刷内容在精度质量方面的高要求，从最早的黑白版画宣传图，到后来越来越高质量的数码绘画、摄影广告、海报招贴等，对计算机绘画的要求也越来越高，这样才能产生匹配其印刷技术的高质量作品。

4）出版行业的发展

出版行业对 CG 绘画产生影响的原因有以下两点。其一是小说的封面插图以及图书的书籍装帧，从最开始的手绘封面插图到采用电脑绘画和设计封面插图，图像越来越精致，计算机绘画设计排版也可以修改。其二是绘本和漫画等图书类的急速发展，在绘本和漫画，还有百科全书类的图书逐步采用计算机绘画以后，图书的制作成本对比原来的手绘图像来说降低了很多，效率和质量却更高。这样一来，出版行业的兴盛又反过来促使计算机绘画在出版行业中的进一步发展。

5）广告业的发展

CG 绘画和广告业之间的关系是非常紧密的，例如广告摄影的影片，传统摄影出来的图像，如果要修整得在摄影技术还有冲洗底片方面下功夫。而现在只需要把数字图像输入计算机，利用软件来修整即可。传统广告中想得到但是无法实现的梦幻场景和效果可以在软件中利用 CG 绘画的技巧来实现，无法实拍的景色场景也可在软件中进行合成。

6）网络的发展

网络的发展也是促使 CG 绘画流行的一个重要因素。随着网络的不断发展，各种网络广告、Flash 动画、网络漫画动画的流行也直接刺激着 CG 绘画行业的急速发展。

7）动漫、游戏、影视文化的发展

动漫、游戏、影视文化是与 CG 绘画联系最为紧密的行业，随着这些行业的发展，CG 绘画的要求、质量、平台、需求也是越来越高，大部分受众接触了解 CG 绘画也是从这几个行业开始的。它们对 CG 绘画的起源没有任何直接作用，但对其发展有着至关重要的作用。

二、CG 绘画的应用领域

CG 绘画现在几乎是随处可见，报摊图书、大型海报、电影概念设计等，俨然已经成为一种主流的信息传播媒介，这也是信息化时代和读图时代对 CG 绘画发展的一个重大促进。我们学习 CG 绘画后能够从事的行业，或者说 CG 绘画最重要的应用领域有以下几块（见图 1-3）。

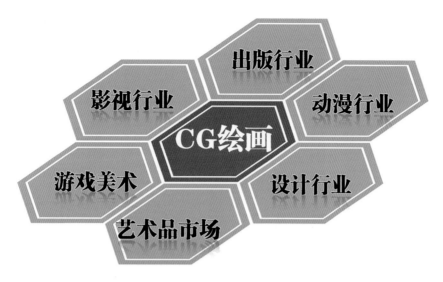

图 1-3　与 CG 绘画紧密联系的行业

1. 出版行业

1）封面插画师

图书封面插画师是现在很常见的一种职业。封面插画数量不多，但是对插画质量和意境以及绘画师个人在行业内的名气等都是有一定要求的，所以封面插画的价格很高。在价格和封面展示性的影响下，大部分客户对封面插画的精致度、细节、表现手法和技巧都有一定的要求。图 1-4 至图 1-8 所示为一些封面插画师创作的作品。

陈淑芬插画作品，我国台湾地区小说封面常见风格，代表插画师是陈淑芬、平凡、德珍等。

图 1-4　我国台湾地区言情小说封面插画

郭妮小说《天使街 23 号》封面插画，为现今国内常见的封面插画风格。

图 1-5　我国大陆青春小说封面插画

川端康成，《伊豆的舞女》，荒木飞吕彦版封面插画。

芥川龙之介，《地狱变》，小畑健版封面插画。

太宰治，《人间失格》，小畑健版封面插画。

图1-6 日本小说漫画式封面1　　　图1-7 日本小说漫画式封面2　　　图1-8 日本小说漫画式封面3

日本小说，特别是轻小说，喜欢使用动漫风格的插图作为封面，如《耀眼的夏娜》《春日凉宫的忧郁》等，而一些文学名著则喜欢请一些漫画界、插画界的大师来绘制，这样个人风格浓重一些，更加容易在青少年读者中普及。在日本，漫画家插画师和小说家之间的业务往来与合作是十分紧密的。

各国都有不同的封面插画风格，或偏魔幻，或偏浪漫，各式各样，并且都喜欢用CG绘画的手法来表现。

2）商业插画师

封面插画、海报插画、图书内页插画、时尚插画等都属于商业插画师的工作范畴（见图1-9至图1-15），只是图书内页插画师的工作量比封面插画师要多一些，在作品绘制难度、板式、配色、精度要求、价格等方面也都有不同。相对于封面插画师来说，商业插画师的工作量大，经常一个项目就是几十张甚至几百张插图。对于刚毕业的学生来说，商业插画师比封面插画师稳定实在，而且更容易就业。

（1）儿童绘本插画师

儿童绘本插画师主要为儿童读物进行内页插图的绘制，其中高端的主要是绘制儿童绘本读物。

图1-9 儿童绘本插画

图 1-9 左为武汉门神插画的周东、徐波两位插画师的儿童绘本作品《我爱妈妈》，原著徐鲁。他们的作品比较偏向中国套色版画和年画、连环画的风格。而图 1-9 右是国内知名儿童插画师小新的作品，他的作品比较偏向欧美卡通的风格。

图 1-10　绘本手绘插画

图 1-10 为日本绘本插画师 Junaida《Train-Rain-Rainbow》绘本插画系列，不过纯绘本类型的读物更倾向于手绘水彩风格。

图 1-11　绘本矢量插画

图 1-11 为日本插画师 Toshinori Mori 的萌系绘本作品《猫的四季》，此作品就属于 CG 绘画中类似矢量平涂的风格。

（2）科普读物插画师

科普读物插画师为各种科普读物绘制内页插图，常见的科普读物如恐龙百科、动物百科、生活百科等百科全书。比较著名的是英国 BK 出版社的百科全书。而类似的百科全书现在比较流行使用插图而不是照片，这样更容易吸引学生群体去阅读。插图一般以手绘表现，部分恐龙百科类读物喜欢使用 CG 绘画或者三维图像来表现，更富有读图的乐趣。

图 1-12　科普读物插画

图 1-12 所示从左至右分别是：《动物世界：我的野生动物朋友》《优秀学生必知的恐龙帝国》《不一样的大自然绘本　小朋友的第一堂自然课·各种各样的家》。

（3）时尚插画师

时尚插画最早是从服装设计中分流出来的，在服装设计采用了 CG 绘画软件和技法以后，时尚插画就逐渐发展起来了。我们常见的韩国矢量插画（特别是女性时尚题材）是其中的一种，也是利用 CG 绘画中矢量软件的特性而出现的一种特殊的插画类型，还有传统手绘结合 Photoshop、Painter 等位图软件绘制而成的时尚插画。时尚插画多用于时尚杂志内页、活动海报、广告、易拉宝、服饰图案、包、包装袋图案等方面。

图 1-13　时尚矢量插画

图 1-13 为常见的韩国人物矢量插画素材，实际上这种人物夸张纤细的风格在很多国家和地区都比较常见。

图 1-14　时尚插画

图 1-14 为法国时尚插画师 Élodie 的作品。

图 1-15　时尚杂志封面插画

图 1-15 为法国插画师 Marguerite Sauvage 的时尚插画作品，她风格独具的时尚插画作品曾经登上过《ELLE》、《Marie Claire》等大牌杂志。

2. 动漫行业

1）漫画

漫画行业的大师不称为"师"，而是称为漫画家。在每个漫画家周围都有很多辅助人员，如漫画编辑、漫画编剧、网点助理、上色助理、场景助理等，这些人在一起群策群力才能绘制出我们所阅读的漫画作品（当然，其中也不乏一些独立漫画家）。在我们的认知中，日本传统意义上的商业漫画多以黑白手绘为主，近年来又出现了专门的漫画软件 ComicStudio，导致黑白手绘漫画后期都采用计算机来制作。除了黑白漫画，彩色漫画也进入了纯粹的无纸时代。全部采用计算机绘制的彩色漫画现如今在中国和日本也非常流行，主要是用 SAI、Photoshop、Painter、CorelDRAW 还有近年来流行的 CLIP STUDIO PAINT 等软件来绘制。特别是在中国，主流漫画杂志基本都是以彩色漫画为主，这就要求从业人员具备一定的 CG 绘画技能。韩国比较注重网络漫画，所以 CG 绘画软件和技术也相当成熟。而美式漫画在 20 世纪末普及了数字彩漫，欧洲漫画以艺术漫画为主，从来就没有黑白手绘漫画和彩色 CG 漫画之争，所以 CG 绘画软件和技术的普及程度也很高。图 1-16 至图 1-20 为各国的漫画作品。

漫画行业的从业人员缺口很大，一个漫画家一般需要配备若干名助手，从修线到后期的岗位选择空间很大。此外漫画行业在我国现在也是很热门的行业，毕业后选择这一行是很不错的。撇开漫画家指定的造型和上色风格类型不提，毕竟每部漫画的风格要求不一样，从事漫画行业必须掌握的几门 CG 绘画软件分别是 SAI、Photoshop、ComicStudio。

日式黑白漫画《一拳超人》，原作为 ONE，作画为村田雄介。

日式彩色漫画《圣斗士星矢 G》，冈田芽武，一般来说，日本连载漫画中的彩色漫画比较少，因为彩色漫画制作周期较长，不能满足连载需要。因此，连载漫画会将章节封面和正文前 4 页至 8 页制作成彩色版以满足读者需要，其他正文部分仍旧是黑白色印刷的。

图 1-16　日式黑白漫画

图 1-17　日式彩色漫画

中式杂志连载彩色漫画《核力突破》，武汉像素工坊作品，连载于《知音漫客》。这是中式彩色漫画中主流的一种清新简洁唯美风。

美式超级英雄漫画《变形金刚》，DC 公司出品，同类型作品还有《蝙蝠侠》《超人》《星球大战》等，大部分作品都采用这种浓厚重彩风。

欧洲漫画对于风格没有约束，各种风格艺术形态并存，欧洲是艺术漫画的圣地。国内的一些知名漫画家首选的海外漫画市场就是欧洲。

图 1-18　中式彩色漫画　　图 1-19　美式彩色漫画　　图 1-20　欧式彩色漫画

2）动画

动画从传统的赛璐璐片上色发展到现在的无纸动画，CG 绘画技术在动画行业中占据了很重要的位置。很多岗位都要求从业者必须有很高的 CG 绘画技术，如分镜师、角色设计师、场景设计师、动画原画师、特效师等。图 1-21 至图 1-23 为 CG 绘画技术在动画中的应用。

尼可罗丁频道 52 集 CG 动画片《功夫熊猫：非凡传奇》分镜。

梦工厂动画《冰雪奇缘》角色设计。

梦工厂动画《疯狂原始人》场景概念设计。

图 1-21　动画分镜　　　图 1-22　动画角色设计　　图 1-23　动画场景概念设计

3. 设计行业

1）吉祥物设计

现在的吉祥物设计（见图 1-24 至图 1-26）造型越来越偏向卡通动漫，因为要和后期制作工厂相衔接，所以基本都采用计算机制图,这样在尺寸、颜色等各方面都可以得到很精准。掌握 CG 绘画技术也是设计行业入门的基本要求之一。

图 1-24　温哥华奥运会吉祥物设计　　　　　图 1-25　伦敦奥运会吉祥物设计

图 1-26　北京奥运会吉祥物设计

2)标志 UI 设计

标志 UI 设计,其中偏卡通风格最典型的例子就是腾讯 QQ。当然,这一行业的工作环境和产品用途决定了它必须使用设计软件来制作,其中比较偏向卡通动漫或者游戏造型风格的标志 UI 就需要 CG 绘画技术的支持。图 1-27 为标志 UI 设计案例。

图 1-27　标志 UI 设计案例

3)工业设计

工业设计与影视相结合的部分一般是通过 CG 技术实现的,不管是前期的概念设计还是后期的工业制图模型制作,或者是完全虚拟需要靠现实技术在电影中合成出来,都是离不开 CG 技术的支持。例如,电影《蝙蝠侠》中的战车,概念设计稿出来以后摄制团队就会做出一辆实体车,当然实体车在性能上不可能那么夸张,但是造型要和概念设计稿上的基本一致(见图 1-28)。不过,相对于 CG 绘画所应用的其他行业来说,工业设计行业首先所需要的是严谨的专业知识,其次才是 CG 技术,典型的设计理念优先于表现技术。

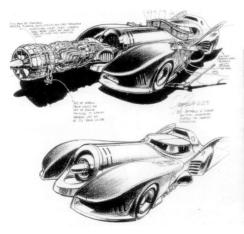

图 1-28　《蝙蝠侠》战车的概念设计稿与实体车

　　实际上设计行业需要 CG 绘画技术支持的工种有很多，如玩具设计、T 恤设计等。只要设计中的造型或者风格比较偏向插图、动漫、游戏，那么，CG 绘画技术就有用武之地。设计行业中还有很多地方与印刷出版、游戏、影视行业的部分工作内容是相同的，这里就不一一介绍了。

4.　艺术品市场

　　传统手绘插图、插画是跟艺术品市场相挂钩的，比如，我们说的"美国插画艺术的黄金时代"，就是指 1865—1965 年这一百年。在这段时期中，印刷品，如杂志、书籍、海报、广告，始终是公众交流和艺术传播的重要载体，插画家也就成了这个时代的文化英雄、时代的开拓者与评判者。[①]

　　派利斯是 20 世纪美国最有影响力的插画家之一。20 世纪 20 年代，派利斯作为当时最有名的艺术家，几乎每四个美国家庭中，就有一个家庭拥有他的画作的复制品。美国现代插图画家诺曼·洛克威尔，因为"画遍了美国生活"而得到了美国国会的嘉奖。派利斯、诺曼·洛克威尔的插画作品如图 1-29 所示。

图 1-29　派利斯、诺曼·洛克威尔的插画作品

　　那个时期的插画是一种很严谨的艺术品，虽然是服务于商业但是插画可以在拍卖行拍卖，插画虽然没有纯艺术绘画拍卖的价格那么高，但是也占据了艺术藏品的部分市场。随着 CG 绘画的发展，由于其可复制性、商业服务性以及 CG 绘画起点较低等方面的因素，CG 绘画很难再进入艺术藏品市场了。但是近几年，有数码艺术、交互艺术等进入现代艺术展览，数码艺术、CG 绘画、三维影像、交互艺术等进入艺术品市场也指日可待。

5.　游戏美术

　　游戏行业中，CG 绘画的应用主要集中在游戏美术方面。当然，三维影像和交互 CG 技术的应用在游戏美术中也占有很大的比重，但是这里着重讲述 CG 绘画的应用部分。一般来说，游戏美术中，CG 绘画主要应用于游戏原

① 《美国插图史》，王受之，中国青年出版社，2002 年。

画师的工作中。游戏原画师的绘画工作细分的话比较多，如游戏宣传概念原画设计、角色设计、场景设计、武器道具设计、载具设计、机械设计、生物设计、植物设计、游戏界面设计、图标 UI 设计等。游戏美术中的 CG 绘画作品如图 1-30 至图 1-36 所示。

《古墓丽影 9》宣传概念原画，图为受伤的罗拉在龙三角海边休整，准备面临即将到来的冒险。

图 1-30 《古墓丽影 9》宣传概念原画

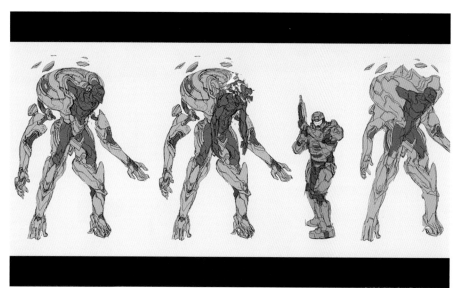

"光环"系列中的角色概念设计，左图为《光环 3》地狱空降兵的概念设计，右图为《光环 4》先行者的概念设计。成品的角色造型一般会再经过三维软件重制，然后贴图渲染成型，若是以海报造型展示，还会经过 CG 绘画软件的加工修饰。

图 1-31 《光环 3》《光环 4》角色概念设计原画

图 1-32 《光环 4》宣传概念图

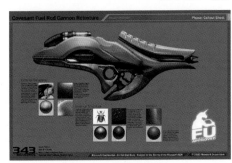 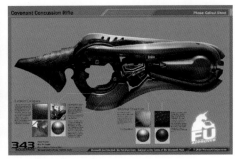

"光环"系列中的武器概念设计,左图为燃料炮,右图为冲击步枪。

图 1-33 《光环》武器概念设计原画

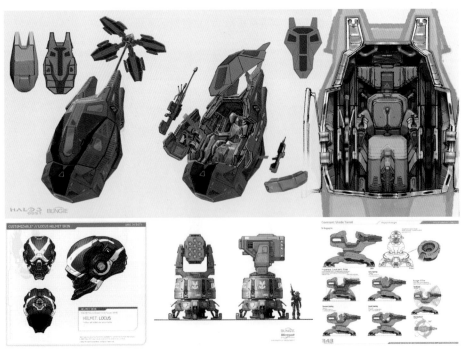

"光环"系列中的道具物件设计,如 NUSC 空降舱、ODST 头盔、防空导弹炮台、星盟电浆固定炮台的概念设计图。

图 1-34 "光环"系列载具、道具概念设计原画

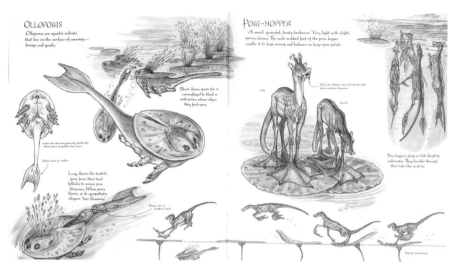

图 1-35 《星球大战前传》生物概念设计原画

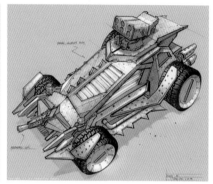

图 1-36 华裔概念设计师朱峰的载具概念设计原画

6. 影视行业

影视行业采用 CG 绘画技术的部分和游戏美术行业比较相似，主要是用于一部电影、电视的概念宣传图，现在有些电影喜欢用游戏风格的宣传图。此外，在电影分镜头和场景设计、魔幻科幻电影的武器设计、载具的设计等方面，基本上和游戏美术设计方面的准备工作是一样的。影视行业中的 CG 绘画作品如图 1-37 至图 1-40 所示。

电影分镜，从左至右分别是《大武生》《钢铁侠》和《金陵十三钗》。

图 1-37 电影分镜

国内 CG 大师本杰明版本的《七剑下天山》概念海报与局部效果。

图 1-38　电影概念海报 1

《四大名捕 2》概念海报。

图 1-39　电影概念海报 2

《魔戒》场景概念原画，很多魔幻科幻类电影的场景设计和游戏美术一样，先出概念效果图。

图 1-40　电影场景概念设计

前文简单地介绍了 CG 绘画的发展、影响因素、应用领域，这里笔者给 CG 绘画下一个比较清晰的定义。

在工具方面，CG 绘画主要采用计算机、数位板、设计绘画软件来进行创作活动，也就是计算机辅助设计绘画，具体来说，CG 绘画并不是一种风格流派，它仅仅只是一种被限定工具的作画方式。

在视觉特性方面，黑白彩色都有，彩色居多。CG 绘画以比较清晰的造型表现为主，而纯印象派、表现主义等抽象艺术作品比较少，CG 绘画的内容以具象表现为主。

在商业特性方面，CG 绘画基本等同于 CG 插图、数码插画、数字绘画，与传统插画、插图比较，它们最大的共同点是作品都是为商业（出版行业、设计行业、动漫产业、艺术品市场、游戏美术、电影产业）服务的。CG 绘画是插图、插画的一种特有方式，在本质上是商业性质的。

综上所述，CG 绘画是依托于计算机辅助设计，主要以具象表现为主，服务于商业设计的一种插画表现形式和作画方式。其创作过程的行为和作品也被统称为 CG 绘画。

三、CG 绘画常用软硬件

1. Adobe 公司绘画软件

1）PS

PS 如图 1-41 所示。

图 1-41　PS

Adobe Photoshop，简称"PS"，是由 Adobe 公司开发和发行的图像处理软件。PS 主要处理以像素所构成的数字图像。使用其众多的编辑修改与绘图工具，可以有效地进行图片编辑工作。PS 有很多功能，在图像、图形、文字、视频、出版等各方面都有涉及。2003 年，Adobe Photoshop 8 被更名为 Adobe Photoshop CS。2013 年 7 月，Adobe 公司推出了最新版本的 Photoshop CC，自此，Photoshop CS6 版本是 Adobe Photoshop CS 系列的最后一个版本。

2）AI

AI 如图 1-42 所示。

图 1-42　AI

Adobe Illustrator，简称"AI"，是一种应用于出版、多媒体和在线图像的工业标准矢量插画软件，作为一款非常好的图片处理工具，AI 广泛应用于印刷出版、专业插画、多媒体图像处理和互联网页面的制作等方面，也可以为线稿提供较高的精度。

2. Corel 公司绘画软件

1）CD（CorelDRAW）

CD 如图 1-43 所示。

图 1-43　CD

CorelDRAW 是加拿大的 Corel 公司开发的一款图形图像软件，被广泛地应用于商标设计、标志制作、模型绘制、插图描画、排版及分色输出等诸多领域。用于商业设计和美术设计的 PC（personal computer，个人计算机）上几乎都安装了 CorelDRAW。

2）PT（painter）

PT 如图 1-44 所示。

图 1-44　PT

Corel Painter IX 特有的"Natural Media"仿天然绘画技术，在计算机上首次将传统的绘画方法与计算机设计完整地结合起来，形成了独特的绘画和造型效果。Corel Painter IX 在影像编辑、特技制作和二维动画方面对专业设计师、出版社美术编辑、摄影师、多媒体制作人员和一般计算机美术爱好者而言，也有突出的表现。Corel Painter IX 是一个非常理想的图像编辑和绘画工具。

3. Celsys 公司绘画软件

1）CS（Comic Studio）

CS 如图 1-45 所示。

图 1-45　CS

Comic Studio，是日本 Celsys 公司出品的专业漫画软件，它使传统的漫画工艺在计算机上完美重现，使漫画创作完全脱离了纸张，极大地提高了漫画绘制效率。Celsys 公司为众多的漫画爱好者和工作者提供了一个尽情挥洒内心美好梦想的工具。

2）IS（Illust Studio）

IS 如图 1-46 所示。

图 1-46　IS

IS 是日本 Celsys 公司于 2009 年 8 月推出的一款绘图软件，主要界面和面板图标与 Celsys 公司旗下的 Comic Studio 大致相同，但 IS 的整体面板更加人性化，更强调了彩绘功能，对线条的控制更加容易，并且图层功能强大，同样拥有矢量功能，笔刷丰富多样。

3）Pose Studio

Pose Studio 如图 1-47 所示。

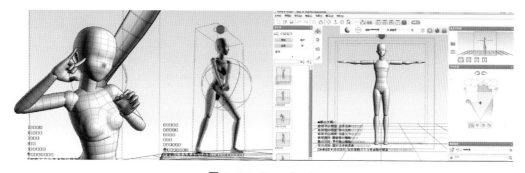

图 1-47　Pose Studio

Pose Studio 是一款调整动漫 3D 人物模型姿势的辅助软件。软件能够加载含有骨骼的 3D 模型，可读取的 3D 人物模型格式有 FBX、LWO、LWS、OBJ 和 M3C（仅支持 FBX 和 M3C 的骨骼）。软件结合 Illust Studio 和 Comic Studio 的相关技术，可将经 Pose Studio 调整后的姿势作为底稿导入画布，用作绘画参考，是一款非常不错的 3D 人物模型辅助软件。

4）CSP（CLIP Studio Paint）

CSP 如图 1-48 所示。

图 1-48　CSP

Clip Studio Paint 是作为 Comic Studio、Illust Studio 软件的升级版本而出现的绘图软件，同属于 Celsys 公司。CSP 有专门用于插画的 PRO 版本和加强漫画功能的 EX 版本。在 CSP 还叫 CLIP PAINT Lab（公测版）的时候就在 pixiv（日本知名插画网站）得到了广泛好评。

4. OC（open Canvas）

OC 如图 1-49 所示。

图 1-49 OC

OC 是日本的一款主要用于插画制作的软件，在漫画、插画领域有很大的用户群，是一款拥有丰富色彩的绘画工具，它不但适用于精通高级技法、追求并享受绘画乐趣的大师，而且也适用于初学者。

5. SAI（Easy Paint Tool SAI）

SAI 如图 1-50 所示。

图 1-50 SAI

Easy Paint Tool SAI 这套软件相当小巧，约 3M 大，免安装。许多功能较 PS 软件而言更具人性化，如它可以任意旋转、翻转画布，缩放时反锯齿等。它还拥有强大的墨线功能：①手抖修正功能，有效地修正了用手绘板画图时手抖的问题；②矢量化的钢笔图层，能画出流畅的曲线并像 PS 的钢笔工具那样可以任意调整。

6. SB（Autodesk SketchBook）

SB 如图 1-51 所示。

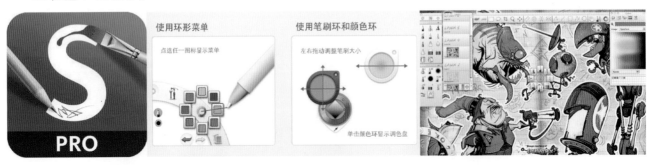

图 1-51 SB

Autodesk SketchBook 是一款新一代的自然画图软件，该软件界面新颖动人，功能强大，仿手绘效果逼真，笔刷工具有铅笔、毛笔、马克笔、制图笔、水彩笔、油画笔、喷枪等。该软件采用自定义选择式界面。

7．AR（Art Rage）

AR 如图 1-52 所示。

绘图软件 ArtRage（彩绘精灵），支持 Windows 和 Mac OSX 操作系统，能工作于目前大多数绘图板下，其简易的操作界面对于新手而言，也很容易上手。软件附带的笔触类型和风格也很丰富。新版本相对于旧版本而言，在提升性能的同时，也增加了许多画笔类型和新的功能。作为专业的油画绘制软件，ArtRage 可以让创作者充分发挥想象力，绘制出拥有个人风格的油画作品。ArtRage 模仿自然画笔的功能非常强大，它对各种画笔特性的模仿能力令人叫绝！

图 1-52　AR

8．硬件（数位板、扫描仪、相机）

数位板，又名绘图板、绘画板、手绘板等。首选的数位板品牌是 WACOM，根据个人的经济情况也可以选择影拓、新帝等品牌。当然，现在的国产品牌性价比也很高。进行 CG 绘画，没有数位板就好比剑法高超的剑士拿木棍在战斗，虽然基础各方面还行，但是爆发力不够。扫描机是为习惯画线稿的朋友准备的，而相机的用处就是平时可以多拍点素材，用于创作参考和贴图素材。

第二节　CG 绘画 5 大基础技法

一、线稿上色法

线稿上色法是最常用、最基础的 CG 绘画技法，是必须要掌握的基础技法。

线稿上色法的特点是上色前先准备好完整的线稿。例如，国画中的工笔画法，先白描线稿，然后再一层层地罩染颜色。所谓的"罩"就是指"在一定范围之内"，这和我们用软件中的魔棒、套索工具选好选区以后，再在选区内部上色是一样的步骤。线稿的制作主要有手绘线稿和计算机线稿两种。

1．手绘线稿

手绘线稿的操作流程是用铅笔、钢笔、蘸水笔等在纸张上绘制好线稿，再通过扫描仪、相机等硬件输入计算机，再用软件调整或者提取线稿来上色。

手绘线稿的几种常见绘制方法如下。

1）线稿在最下层

线稿要配合正片叠底，颜色图层设置为"正片叠底"模式就不会遮挡住线稿（见图 1-53）。

2）线稿最终被遮挡或删除

一般铅笔草图很详细，带有阴影等部分，将其扫描入计算机后，首先黑白上色直接盖住线稿，不过这种方法比较综合化，不仅有完整的线稿，也结合了黑白罩染法和直接绘画成像法的特点（见图 1-54）。属于高级阶段的 CG 绘画流程，需要画师有较高的综合能力。

笔者练习稿，颜色图层设置为"正片叠底"模式就不会遮挡住线稿，颜色也可以继续加深。

图 1-53　线稿上色法示例图 1

插画师史提芬博格的作品《嫉妒》流程分解图，史提芬博格出生在澳大利亚，成长于瑞典，曾常居香港，担任自由插画师，他的作品风格多变，充满故事。

图 1-54　线稿上色法示例图 2

3）线稿在最上层

调整线稿色阶，色彩范围选择好之后在最上层填充黑色作为线稿图层（底层的原始线稿图层就可以删除了），或者选择范围路径化，再使用前景色黑色填充路径，这样得出的线稿图层很光滑，没有毛糙的手绘边界，同样把底层原始线稿图层删除掉，如图 1-55 所示。

笔者练习稿，依次为铅笔扫描稿、色彩范围填充黑色线稿、路径化线稿，若是钢笔或者水性笔线稿，线稿图层会更细致些。

图 1-55　线稿上色法示例图 3

2. 计算机线稿

计算机线稿的操作流程是直接在软件中参考扫描入计算机的原稿并绘制线条，绘制完毕以后再删除原始线稿图层。

计算机绘制线稿有以下两种方法。

1）软件制作线稿

利用钢笔工具描线，PS 的钢笔工具和 SAI 的钢笔工具都可以实现，而在 PT 中称为贝赛尔曲线，功能基本相同。相比之下，SAI 操作会方便一些，PS 需要使用画笔工具配合路径描边。软件制作线稿作品如图 1-56 所示。

笔者练习稿，主要用钢笔工具配合画笔描边，用 SAI 会快速很多，但是在 PS 中角度曲度更好调整。

图 1-56　线稿上色法示例图 4

2）数位板绘制线稿

使用 PS 尖角画笔或 SAI、PT 中的铅笔工具参考手绘草稿直接再画一次，这样比较容易保留手绘的感觉。PT 中的铅笔工具质感很强，PS 中设置好画笔不透明度和流量后手绘的感觉会很好，SAI 中的铅笔工具设置好抖动修正功能后线稿图层也会非常光滑圆润。数位板绘制线稿作品如图 1-57 所示。

日本插画师月冈月穗使用 SAI 绘制的插画作品。

图 1-57　线稿上色法示例图 5

用线稿上色法上色时，一般有色块上色、喷枪上色、笔刷上色、整体阴影上色四种方式。具体上色方式和过程在后文有介绍，这里就不一一说明了。

二、黑白罩染法

黑白罩染法是 CG 绘画的一个常用方法，与直接绘画成像法相比较，它比较容易控制颜色，也能很好地塑造体积，欧美的插画、原画还有游戏美术都经常采用这种上色方法。简单地说，黑白罩染法就是先按照素描把稿子全部画完整、画精细，然后将新建图层叠加上去绘制颜色。这个时候基本上不用处理黑、白、灰的关系，专心在颜色搭配和色相冷暖等关系的处理上即可。黑白罩染法也被称为素描叠色法、素描黑白法。图 1-58、图 1-59 为使用黑白罩染法的绘画作品。

图 1-58 美国插画师 Sam Nielson 的插画作品《绝地武士》

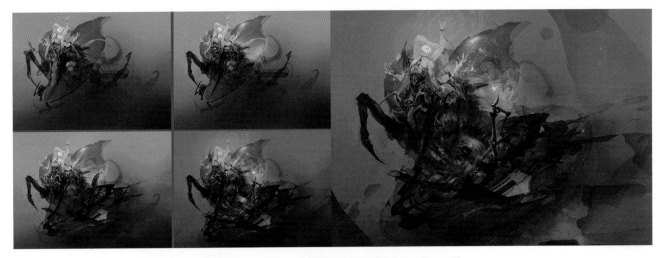

图 1-59 中国 CG 绘画大师黄光剑的草图《堕天使》

三、直接绘画成像法

直接把软件的画面当作画布一样绘画，各种染色、水彩、水粉、丙烯、色粉、蜡笔等绘制技巧与在传统画架上绘画时是一模一样的。类似于传统绘画，直接起形的方法称为直接绘画法，也叫直接绘画成像法。此画法对画师在结构、素描基础、色彩感觉、空间感觉等方面的要求较高。

也有人将直接绘画成像法称为厚涂法、涂抹画法、笔刷流。其主要特点是在绘画过程中直接边画边修，不像线稿上色法必须在上色前把线稿准备好。而是和传统油画、丙烯、水粉一样，有个简单的构图参考线就可以开始上色了。在上色过程中不断用颜色、笔触修正形体，遇到不合适的部分直接用颜色盖住，重新设计和绘制。一般画师起稿有两种习惯：第一种是类似于水粉、丙烯，在白纸上先用重色打型铺色，然后慢慢雕琢；第二种是和油画技法一样，画面先铺上单一、渐变的底色，或者多种用刮刀刮开的底色，然后再去绘制。图 1-60、图 1-61 为使用直接绘画成像法的绘画作品。

图为 Linda Bergkvist 的插画作品以及其常用的头发绘制技法。Linda Bergkvist 是一名非常年轻的 CG 插画艺术大师，出生在瑞典，她的作品充满了童话色彩，又带有神秘、诡异、梦幻的风格。无论是她的绘画功底、CG 绘画技术的运用还是充满想象的内容都令人着迷。她的作品细腻，但绝对有别于时下流行的韩国唯美的风格，又不同于欧美夸张、浓重的风格。

图 1-60　Linda Bergkvist 的插画作品

图为概念插画大师 Craig Mullins 的作品，他是 CG 插画、概念设定领域的行家和大师，多次获得各类 CG 美术奖项。他的绘画风格多样，擅长使用简单的块面和色彩来表现丰富逼真的光影效果。他对很多插画、漫画以及经典艺术品的技法都有深入的研究。

图 1-61　Craig Mullins 的概念设计作品

四、软件克隆法

使用软件滤镜和相关功能，把照片直接处理成类似绘画效果的方法称为软件克隆法。[①] 掌握了这种画法，绘画过程会变得很快，但如果效果做得不好，容易给人一种抄袭盗图的感觉。所以，这种方法要求绘画师对各种软件有很深的了解（见图 1-62 和图 1-63）。

----

① 部分引用自陈维的视频教程《CG 绘画五大元素技法概论》。

PT 中的"快速克隆"功能可以很快地使照片变成各种传统绘画效果，在颜色、笔触、材质上都做得很逼真。

图 1-62　Painter 中的"快速克隆"功能

Sketchup 附带插件 Style Builder 2，可以使模型渲染成各种手绘效果，这也是绘制 CG 场景的一种简便方法。

图 1-63　Sketchup 附带插件 Style Builder 2

　　类似的简便方法有很多，比如 Photoshop 中的风格化、画笔描边、素描、艺术效果等几大滤镜组都可以在一定程度上实现将照片变成手绘的效果，不过需要相互组合并调整。矢量绘图软件中的位图矢量化，设置好边缘平滑度就可以简单地把一张位图照片转换为矢量图片。但是这些方法只能偶尔采用，并作为素材使用。如果直接转换了就交给客户，其一是容易被看出来，让人感觉不实在；其二也给画师日后的创作埋下了隐患，会影响其将来的发展。因此，软件克隆法不要轻易使用，一般来说，画面中某些不容易造型的部分可以使用这种方法，然后在此基础上画师再自己加工。结合软件的克隆功能再次加工绘制是没有任何问题的，但是直接克隆转换就当作自己的作品，是不合适的。

五、Matte Painting 图片合成法

　　使用软件把图片素材直接合成，再经过一定的加工修饰，最后变成作品的方法被称为图片合成法。Matte Painting 可以用绘画手段创造影片中所需但实地搭建过于昂贵或难以拍摄到的景观、场景或远环境。Matte Painting 中文可以翻译为"绘景"或"接景"，但都不能确切地表达原词的含义。这种画法在电影场景概念设计、游戏场景概念设计中常常用到。图 1-64、图 1-65 为使用 Matte Painting 图片合成法的作品。

洪帆的插画作品《天使之城》，作者在加拿大从事场景概念设计工作。

图 1-64　洪帆插画作品

图 1-65　艺术家迪伦科尔的作品及其创作过程

小结

（1）CG 绘画的五大技法并不需要全部掌握，读者可根据自己的喜好和实际需要去学习，符合自己性格和需要的技法学起来会事半功倍，而且以后的上升空间会很大。

（2）CG 绘画的五大技法需要读者在实践中不断地相互配合使用，这样会产生更加适合自己的 CG 绘画技法和创作流程。

第二章

CG 绘画基础

CG HUIHUA JICHU

第一节　素描基础

一、明暗五大调子

学习过美术的人应该知道，素描是所有绘画的基础，而素描最基本的就是明暗五大调子。简单地说，任何物体在光照的情况下，色阶可分为高光、亮面、明暗交界线、暗面、反光。

用一个圆球来简单说明明暗五大调子，先简单地区分圆球的亮面和暗面（见图2-1）。

在亮面上用纯白色来做一些高光点，亮面实际上也有灰色与稍暗的颜色（见图2-2）。

亮面和最黑的部分稍微融合，右下角的部分添加一些反光颜色（见图2-3）。

最后融合过渡，整个圆球有了黑、白、灰，明暗交界线和反光（见图2-4）。

图 2-1　亮面和暗面　　　　　图 2-2　高光　　　　　图 2-3　颜色融合　　　　　图 2-4　颜色过渡

投影部分也有一定的讲究，最靠近物体的部分最黑，其他部分稍灰，越远离物体，颜色越淡（见图2-5）。

因此把右边远离物体的投影虚化，这样虚实效果就出来了。离物体近则"实"，离物体远则"虚"，最后调整左侧的投影边界，边缘线也是离物体近则"实"，离物体远则"虚"（见图2-6）。用一个简单的圆球表示明暗五大调子如图2-7所示。

图 2-5　阴影绘制　　　　　图 2-6　阴影虚实　　　　　图 2-7　明暗五大调子示意图

用软件来制作一个灰调子圆球（见图2-8），会比较细腻。但是，在制作的过程中也要按照明暗五大调子来制作。

大致上的色阶分布如图2-9所示，美术基础中的明暗五大调子，是指要有好的效果至少要把颜色分很多层。但是也可以做得更加细致，如亮面可以多分几层，这样亮面细腻、暗面简洁，强化了亮面的实在感，更能够强化虚实的感觉。

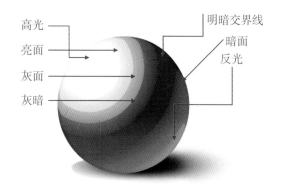

高光
亮面
灰面
灰暗

明暗交界线
暗面
反光

图 2-8　用软件制作的灰调子圆球　　　　图 2-9　色阶化的明暗五大调子

　　绘画就是为了塑造体积感、空间感和光感，因此画师会从颜色分层的层数、虚实感觉等方面入手。除了常说的明暗五大调子外，设计理论中的"繁"和"简"也是可以用来区分虚实的。

二、明暗五大调子塑造角色体积

　　把美术基础中的五大调子应用到绘制 CG 动漫游戏角色中，就是把角色的肢体看作一个个的几何体，再利用明暗五大调子的分色理论来塑造。具体的塑造过程如下。

　　（1）头部可概括成近乎圆球体，用黑色勾一个轮廓（见图 2-10）。

　　（2）用肉色先铺垫好整体造型（见图 2-11）。

　　（3）用稍重的颜色在总体上区分明暗区域（见图 2-12）。

图 2-10　起大型　　　　　　　图 2-11　固有色　　　　　　　图 2-12　暗部

　　（4）用比肉色浅一点的颜色塑造亮部（见图 2-13）。

　　（5）用比暗部更深的颜色塑造深色区域（见图 2-14）。

　　（6）用白色点缀额头、鼻尖、嘴唇等高光区域（见图 2-15）。

图 2-13　亮部　　　　　　　图 2-14　明暗交界线　　　　　　图 2-15　高光

（7）颜色相互过渡并融合（见图 2-16）。

（8）最后用紫灰色加工下颌和咬肌，这部分的反光就塑造出体积了（见图 2-17）。

图 2-16　融合颜色　　　　　　　　　　　　　图 2-17　反光

人体头部的形状接近于圆球体，脖子和四肢接近于圆柱体，鼻子像个圆锥。只要分得够仔细，无论多复杂的形体都可以概括为最基本的几何体，因此按照明暗五大调子的方法绘制形体，也就比较简单了。

详细的绘制流程后文有介绍，这里就只简单地说明基本流程：草稿—固有色—暗部—亮部—明暗交界线—高光—融合过渡—反光。简单来说，就是在铺垫好固有色后不断地加深和提亮，直到最后笔刷颜色都已经融合了，添加高光的同时添加反光即可，这也是最基础的塑造形体流程。

第二节　色彩搭配

这里只简单讲述关于 CG 绘画的色彩搭配规律。

实际上，对于色彩很多初学者是很难把握的，觉得色彩搭配除了跟个人天生的感觉有关，还跟工具、材料有关。但是，CG 绘画和传统绘画的材料是不一样的：水彩颜料不好控制水分，但软件中用户可以随时调整水分值，还可以随时加水和洗白；软件中的油画笔没有松节油的味道；想要用很传统的调色盘，软件中也有相应的窗口和调色刀。我们需要强调和坚信的一点是：CG 绘画的色彩不光靠色彩感觉，很多色彩是可以通过分析搭配并制作出来的。

一、取色系统

1. 色谱

色谱（见图 2-18）也称为印刷色谱对照表，是设计师在设计和印刷前需要参考的印刷标准颜色。这里简单讲解一下 RGB 颜色和 CMYK 颜色。简单地说，CG 绘画和纯设计还不一样，特别是最终需要印刷的设计成品，一定得使用 CMYK 颜色来设计。现代印刷中 CMYK 指的是四色印刷，是一种工艺，由青色、洋红色、黄色、黑色四色组成，通常都是用胶印机完成。因此，显示器上显示出来的颜色和印刷出来的颜色并不是完全一样的。通过一个测试可以反映出来，用 RGB 光学颜色绘画，然后在软件中转换为 CMYK 颜色，会发觉有些颜色变灰很多，因此设计师在设计和印刷前调整的时候一定要借助色谱去调整原有的颜色。但 CG 绘画不可能严格按照设计色谱来控制颜色，完成以后稍微调整，注意控制荧光色的量，以免印刷时变灰。

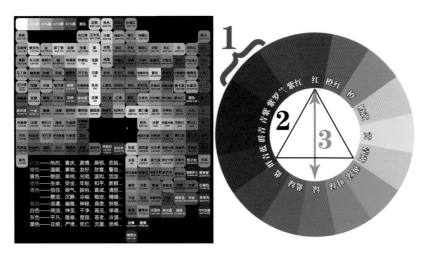

图 2-18　基础色谱与色相环

1. 近似色（色环中左右两个比较接近的颜色）
2. 对比色（120°～240°）
3. 互补色（180°）
4. 同色系（相同色系不同明度、纯度）

（部分颜色因为 CMYK 印刷关系可能有色差，请谅解。）

2. 色环

色环可以帮助我们对照对比色和互补色，配色的时候也可提供参考。

软件中的取色系统（见图 2-19 至图 2-21）与设计用的色谱、色环有一定的区别，每个软件中的取色系统是不一样的，而在软件中为了配合不同的作品，所采用的色板也是不一样的。

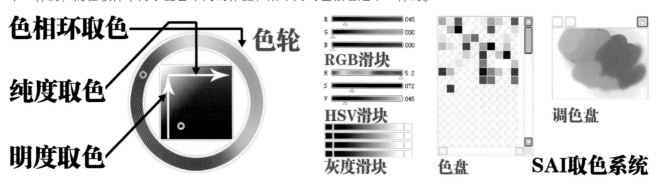

图 2-19　SAI 取色系统

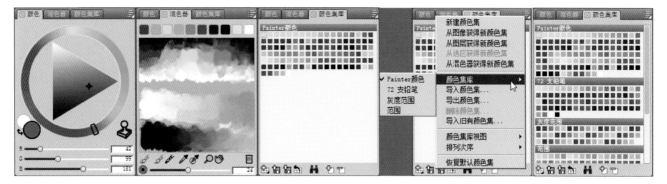

图 2-20　PT 取色系统

SAI 的取色系统是比较全面的，但是其色盘只能靠画师自己制作，不像 PS 的取色系统一样可以载入丰富的色板。

PT 的取色系统习惯采用色轮加三角形色域"颜色"面板，这样明度、纯度、色相等都比较容易选择，其下附带 RGB 取色滑块，比较容易调整。而"混色器"就类似于 SAI 中的调色盘，在这里可以用各种纯色还有刮刀调出类似于油画调色盘中的各种颜色。"颜色集库"相当于 SAI 中的色盘，或者 PS 的色板，画师可以把自己常用的颜色保存在这里，也可以载入颜色集库文件或者导入、导出颜色集库文件，这样可选颜色就比较多了。

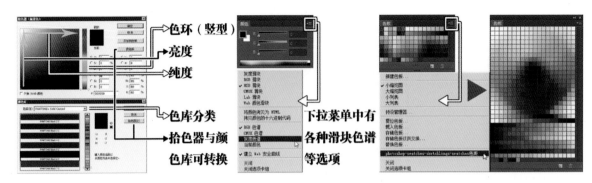

图 2-21　PS 取色系统

PS 本身是比较偏重设计的，所以无法选择我们常用的色环、色轮，以及三角形色域。但是 PS 中的色彩是非常丰富的，除了各种软件中常用的颜色滑块、色谱以外，"拾色器"本身可以随时转换为"颜色库"。另外，PS 的"色板"可以载入和储存各种色板，载入特殊色板以后（一般是无极黑色板，可在网上下载），通过拉动"色板"窗口边缘，可以使里面的小色块排列成一个完整的色环，便于在绘画的时候取色。色板是绘画软件中很重要的一个部分，需要自己整理或者从网上下载比较好的版本。

二、色彩心理与常用色彩组合

绘画者在选择颜色的时候是带有一定的感情因素的，而被选的颜色需要能够代表或者反映出这种情感，这就是所谓的色彩心理。

1. 主要色彩的基本心理感觉

日本的食品商家曾经提出，"如果用蓝色瓶盛装蛋黄酱，可以降低着色剂对食品的影响，更合乎健康标准"。但实际上，人们发现红色瓶装蛋黄酱的销售量，要比蓝色瓶装蛋黄酱的销售量高出十倍。有人幽默地说："人们与其说是在吃食品，倒不如说是在吃颜色。"

正如不同性格的人有不同的心理特点一样，色彩也拥有不同的心理效应。色彩直接影响着人们的感受、情绪、行为，甚至健康，这就是色彩的心理效应起到的潜在作用。以下为主要色彩的基本心理感觉。[1]

红色：热情、活泼、热闹、革命、温暖、幸福、吉祥、危险。

橙色：光明、华丽、兴奋、甜蜜、快乐。

黄色：明朗、愉快、高贵、希望、发展、注意。

绿色：新鲜、平静、安逸、和平、柔和、青春、安全、理想。

蓝色：深远、永恒、沉静、理智、诚实、寒冷。

紫色：优雅、高贵、魅力、自傲、轻率。

白色：纯洁、纯真、朴素、神圣、明快、柔弱、虚无。

灰色：谦虚、平凡、沉默、中庸、寂寞、忧郁、消极。

黑色：严肃、刚健、坚实、粗莽、沉默、罪恶、恐怖、绝望、死亡。

2. 色彩与风格

上文介绍的几种色彩心理，可以被看作是当代设计行业默认的一种基础色彩心理。但是在不同的地域和民族，对色彩的心理感觉有所不同，在设计和绘画的时候需要按照受众和设计主题仔细考虑。例如，白色在西方人眼里是圣洁、吉祥的，而在东方人眼中特别是在中国人眼中，白色虽然圣洁，但是与吉祥无关。另外，同一民族不同

---

① 部分内容引用自《Photoshop 色彩构成与应用》，李敏、胡苏望，人民邮电出版社，2008 年。

年代的人，在同一色彩的应用上也有不同的心理感受。例如，中国新生代受外来文化的影响，将白色运用在婚礼等喜庆的场合，这在几十年前是不可想象的，因为中国传统观念里白色是丧葬服饰的用色，代表的是不吉利。

色彩风格与很多因素有关，如文化地域、修养审美、性格情绪、民族风俗、时代潮流、年龄经历等。在进行设计和绘画的时候，如果在指定的文化背景、地域特征、民族宗教背景、受众年龄层、创作角色的年龄和职业等因素的情况下，需要仔细考虑一番。另外，每个国家、民族、宗教都有自己的禁忌颜色，在绘画取色的时候需要特别注意。

3. 色彩的调子

色彩的调子分为明度对比调子、纯度对比调子、色相调子这三类。所谓的调子就是颜色的搭配给人的一种心理感觉。因为篇幅的关系，本文仅着重介绍色相调子，也就是我们常用的配色套色调子。

暖色（红、橙、黄）属于高调（长调），给人热情、奔放的感觉。

绿色，还有黑、灰等属于中调，遇暖则暖，遇冷则冷。

冷色（青、蓝、紫）属于低调（短调），给人忧郁、宁静的感觉。

设计中常说的色相有九大调式，掌握它们的基本配色规律可以使画师在配色时轻松不少。一般来说，高调色彩给人喜庆、活泼的感觉，而低调色彩则给人宁静、庄重、忧郁的感觉，中间调与高调搭配变得活泼，中间调与低调搭配则变得稳重。

1) 设计摄影中的调式搭配

(1) 高长调、高中调、高短调，如图 2-22 所示。

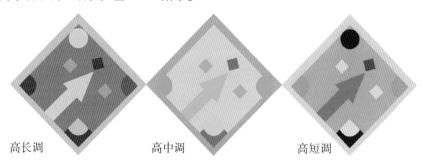

高长调　　　　　　　高中调　　　　　　　高短调

图 2-22　高调

高长调是大面积的暖色配上小面积的暖色，加上明度、纯度变化的色彩搭配方案。高调和长调的结合，明度高、对比强烈，具有明朗、鲜明、活泼的色彩效果。

高中调是大面积的暖色配上小面积的中性色，加上明度、纯度变化的色彩搭配方案。高调和中调的结合，明度高、对比居中，具有优雅、跳跃、愉悦的色彩效果。

高短调是大面积的暖色配上小面积的冷色，加上明度、纯度变化的色彩搭配方案。高调和短调的结合，明度高、对比强烈。

(2) 中长调、中中调、中短调，如图 2-23 所示。

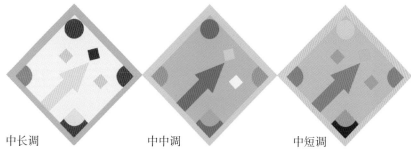

中长调　　　　　　　中中调　　　　　　　中短调

图 2-23　中调

中长调是大面积的中性色配上小面积的暖色，加上明度、纯度变化的色彩搭配方案。

中中调是大面积的中性色配上小面积的中性色，加上明度、纯度变化的色彩搭配方案。

中短调是大面积的中性色配上小面积的冷色，加上明度、纯度变化的色彩搭配方案。

（3）低长调、低中调、低短调，如图 2-24 所示。

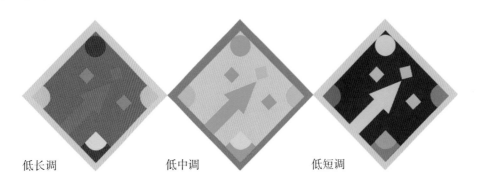

图 2-24　低调

低长调是大面积的冷色配上小面积的暖色，加上明度、纯度变化的色彩搭配方案。

低中调是大面积的冷色配上小面积的中性色，加上明度、纯度变化的色彩搭配方案。

低短调是大面积的冷色配上小面积的冷色，加上明度、纯度变化的色彩搭配方案。

以上是按照色相来划分的色彩调子，但是，在同一色相中，也有色彩调子。明度、纯度高的属长调，明度、纯度低的属短调。还有明暗调子也是一样，亮色属于长调，暗色属于短调。

2）CG 绘画、插画中的常见调式

CG 绘画因其在商业方面的应用，在颜色搭配方面，与纯设计和摄影相比是有一定区别的。

（1）高长调（见图 2-25），常用红色、黄色来搭配，纯度较高，带一点明度方面的变化，给人热情、光明、温馨、强烈、有力量的感觉。

从左至右作品的作者分别是美国科幻插画大师鲍里斯·瓦莱约、日本插画师村松诚、概念艺术大师克雷格·穆林斯。

图 2-25　高长调范例

（2）高中调（见图 2-26），常用橘色、中黄、粉紫等颜色搭配，加上纯度上的弱对比，一些不强烈的明度变化，再搭配一些灰色。整个色相明度、纯度对比居中，给人优雅、跳跃、愉悦、安宁、柔和的感觉。

从左至右作品的作者分别是概念艺术大师克雷格·穆林斯、概念插画大师泰德·内史密斯、国内概念艺术 CG 大师阮佳。

图 2-26　高中调范例

（3）高短调（见图 2-27）整体上偏暖色，但是亮度和纯度都不高，再用一些纯度低、亮度适中的灰冷色来搭配，给人优雅、柔和、高贵、软弱、忧郁、安静的感觉，常被用作女性色彩。

左图为台湾概念插画艺术家 Xiao Botong 作品，中间图和右图为概念插画师 Voytek Fus 作品。

图 2-27　高短调范例

（4）中长调（见图 2-28）。CG 绘画中的中调并不是用绿色这种中性颜色，而是常用灰褐、灰蓝、灰紫等纯度较低的颜色代替中性色，再搭配点暖色就成了中长调，给人强健、稳重、宁静、坚实的感觉。

图 2-28　中长调范例

（5）中中调（见图2-29）是大面积中性色（灰褐、灰蓝、灰紫等低纯度灰色）配上小面积中性色，加上明度、纯度变化的色彩搭配方案，给人丰富、饱满、稳重、沉实的感觉。

从左至右作品的作者分别是印尼概念插画师 Lius Lasahido、创意概念插画师 Ashram、概念插画师 Saskia Gutekunst。

图2-29　中中调范例

（6）中短调（见图2-30）是大面积中性色（灰褐、灰蓝、灰紫等低纯度灰色）配上小面积冷色，加上明度、纯度变化的色彩搭配方案，给人朦胧、含蓄、模糊、冷漠的感觉。

从左至右作品的作者分别是幻想概念设计师 James Ryman、华裔概念设计师朱峰、概念艺术家 Marat Ars。

图2-30　中短调范例

（7）低长调（见图2-31）是大面积冷色配上小面积暖色，加上明度、纯度变化的色彩搭配方案。低长调给人强烈、爆发的感觉，或者给人清冷、深沉、压抑、苦闷的感觉。

从左至右作品的作者分别是创意概念插画师 Simon Goinard、概念插画师 Marta de Andrés、国内 CG 插画大师本杰明。

图2-31　低长调范例

（8）低中调（见图 2-32）是大面积冷色配上小面积中性色（灰褐、灰蓝、灰紫等低纯度灰色），加上明度、纯度变化的色彩搭配方案，给人朴素、厚重、坚实、有力度、无奈、沉闷的感觉。

从左至右作品的作者分别是游戏概念插画设计师 James Ryman、概念 CG 艺术家 Maya Sawamura Anderson、芬兰概念插画师 Saara Mäkinen。

图 2-32 低中调范例

（9）低短调（见图 2-33）是大面积冷色配上小面积冷色，加上明度、纯度变化的色彩搭配方案。它给人阴暗、低沉、寒冷的感觉，画面显得迟钝、忧郁。

从左至右作品的作者分别是国内插画师 CHENBO、华裔概念设计师朱峰、概念插画师 Michal Ivan。

图 2-33 低短调范例

当然，绘画和设计不一样，画师可以拿冷色调的调式搭配绘制出热情奔放的感觉，这个需依据画面构图和画面故事内容而定，此外要求画师有随意控制色彩感觉的能力。即使有九大调式的搭配，色彩心理方面也不一定是严格按照设计业中的规定，因为 CG 绘画还要看构图和故事内容。但是在一般情况下，配色按照九大调式来搭配会方便很多。

根据色相九大调式、明度对比调子、纯度对比调子等，设计业界内衍生出了很多专用的配色套色组，有这些作为参考，做角色设计或者产品概念设计的时候会更加方便。

4. 常用组色色谱的使用

1）主色 + 三套色

主色 + 三套色范例如图 2-34 所示。

2）单色 + 二套色 + 三套色 + 五套色

单色 + 二套色 + 三套色 + 五套色范例如图 2-35 所示。

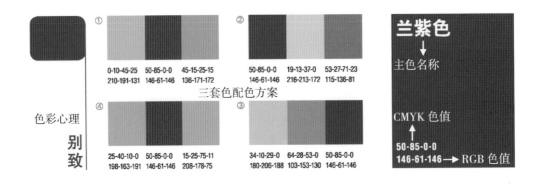

图 2-34　主色 + 三套色范例

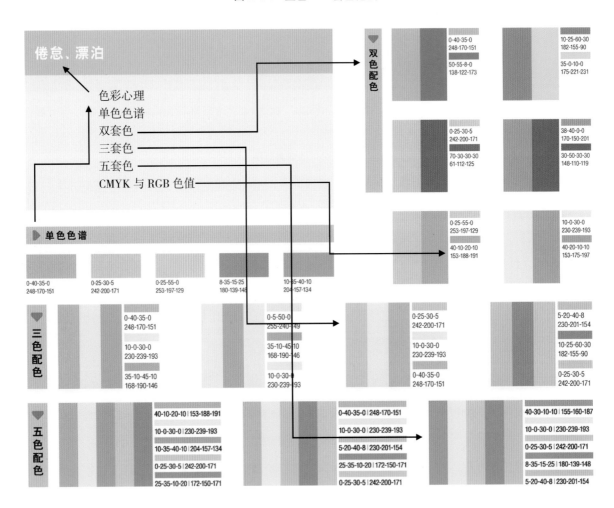

图 2-35　单色 + 二套色 + 三套色 + 五套色范例

3）软件中的颜色系统

常用的组色色谱中，都是用最为常规的 RGB（3 个数值，每个数值范围为 0～255）颜色和 CMYK（4 个数值，每个数值范围为 0～100）颜色。在有些印刷颜色对照表中，只出现 C 或者 MK，就代表 CMYK 中没有出现的那几个字母的颜色数值为 0。要在软件中选色，只要把相应颜色的数值填进去，其他改成 0 即可。RGB 颜色取色数值的填写也是一样的，有就填写，没有出现的字母相应数值就填 0。

另外，软件中主要的取色方式除了 RGB 颜色与 CMYK 颜色，还有灰度颜色、HSB 颜色、Lab 颜色和 Web 颜色（实际上就是十六进制颜色码，如图 2-36 所示）。

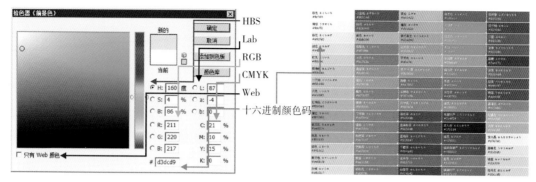

图 2-36　PS 中颜色样式示意

（1）RGB 颜色。RGB 颜色是指光学颜色红（R）、绿（G）、蓝（B），也指光源色彩，例如，灯光、显示器的颜色等。

（2）CMYK 颜色。CMYK 颜色也称作印刷色彩模式，是一种依靠反光的色彩模式。同 RGB 类似，CMY 是 3 种印刷油墨名称的首字母：C 是青色 cyan，M 是品红色 magenta，Y 是黄色 yellow。其中 K 是源自一种只使用黑墨的印刷版 Key Plate。从理论上来说，只需要 C、M、Y 三种油墨就足够了，这三种颜色加在一起就应该能得到黑色。由于目前制造工艺还不能造出高纯度的油墨，将 C、M、Y 相加后只能得到暗红色。

（3）灰度颜色。灰度颜色也就是软件中纯粹的"K"的颜色。

（4）HSB 颜色。HSB 颜色模式是普及型设计软件中常见的色彩模式，其中 H 代表色相，S 代表饱和度，B 代表亮度。

色相 H（hue），在 0°～360° 的标准色环上，按照角度值标识。例如，红色是 0°，橙色是 30°。

饱和度 S（saturation）是指颜色的强度或纯度。饱和度表示色相中彩色成分所占的比例，用 0%（灰色）～100%（完全饱和）的百分比来度量。在色立面中饱和度是从左向右逐渐增加的，左边线为 0%，右边线为 100%。

亮度 B（brightness）是颜色的明暗程度，通常是用 0（黑）～100%（白）的百分比来度量的，在色立面中从上至下逐渐递减，上边线为 100%，下边线为 0。

HSB 色彩总部推出了基于 HSB 色彩模式的 HSB 色彩设计方法，用来指导设计者更好地搭配色彩。

（5）Lab 颜色。Lab 颜色模式是基于人对颜色的感觉而设计出来的色彩模式。Lab 中的数值描述的是正常视力的人能够看到的所有颜色。Lab 描述的是颜色的显示方式，而不是设备（如显示器、打印机或数码相机）生成颜色所需的特定色料的数量，所以 Lab 被视为与设备无关的颜色模式。色彩管理系统使用 Lab 颜色作为色标，将颜色从一个色彩空间转换到另一个色彩空间。

Lab 颜色模式的亮度分量（L）范围是 0 到 100。在 Adobe 拾色器和颜色面板中，a 分量（绿色－红色轴）和 b 分量（蓝色－黄色轴）的范围是 +127 到 -128。

（6）Web 颜色与十六进制颜色码。Web 标准颜色是由 W3C 组织定义的，是直接以英文名称形式在网页脚本中使用的一组 RGB 颜色。Web 标准色共计 140 种，其中 aqua 与 cyan 异名同色（青色），fuchsia 与 magenta 异名同色（品红），所以实际上共有 138 种。Web 标准颜色是命名颜色的一个子集。

当计算机使用 256 色调色板时，计算机能够正确地显示所有的颜色。而这些颜色又可以使用十六进制颜色码来表示。十六进制颜色码又称为 HTML 颜色，由一个十六进制符号来定义，这个符号由红色、绿色和蓝色的值组成（RGB）。很多网页设计师所采用的色谱表格（见图 2-36）是以"#9a4343"这样的方式来代表颜色，选用颜色就是将其数据复制到 PS 取色面板右下角"#"的空格中即可。

每种颜色的最小值是 0（十六进制：#00），最大值是 255（十六进制：#FF）。

三、色彩搭配小技巧

按艺术理论的重要性来排序，色彩理论是排在第二位的。在艺术研究的不同方向中，色彩研究是最深奥的，也是最难精通的。掌握和精通最重要的艺术原理能够为艺术作品增添魅力，这也是不容忽视的。[①]

以下是一些常用的颜色搭配小技巧，希望对大家在 CG 绘画配色方面能够有所帮助。

1. 补色的使用

色环上相对 180° 的颜色互为补色，这些颜色有着很强的对比和色温的差别，用这些颜色突出画面的视觉中心、增加画面的趣味性，是一个不错的选择。一般将互为补色的颜色混合，得到的是偏中性的颜色或者是灰色。补色的使用范例如图 2-37 所示。

第一幅图为色相环,色相环上相对 180° 的颜色互为补色。第二幅图是 Simon Dominic 的作品,在这幅作品中,作者通过运用补色,使紫色小鸟在大面积的绿色元素中凸显出来。后两幅图为国内概念设计师薛树柏的作品,第三幅图中周围环境为有些偏冷的中性色,中间角色用亮暖色,这样画面的视觉中心一下子就定位到中间了。最后一幅图中,把背景颜色直接用补色区分开,这样景深关系更加明确。

图 2-37　补色的使用范例

2. 颜色的重量（明度和纯度）

颜色有重量感，深色看起来较重，存在感比较强，亮色和明度高的颜色看起来轻而精致，亮色画出来的东西比较虚无缥缈。画面需要色彩的重量感来平衡，并以此取得吸引人的效果。颜色的重量常用在主色调单一的场景绘画上。颜色的重量使用范例如图 2-38 所示。

左图是 Philip Straub 的作品,作者用颜色的重量感来突出主题元素,使画面得到平衡。当画师只能用有限的颜色或不想使用补色的时候,用颜色的重量感可以很好地突出视觉中心。右图为德国艺术家 Peter Popken 的作品,画面中的整个环境基本上有点偏黄褐色的,部分地方有些偏绿。但画面在整体上是靠亮度和纯度来表达画面的空间感和景深感的。

图 2-38　颜色的重量使用范例

---

① 部分引用自 Henning Ludvigsen 的网络教程《色彩原理》。

3. 用颜色制造景深

给一幅作品增加景深的有效方法是利用色彩的冷暖色调，方法很简单，只要在近景部分用暖色调，然后保持背景部分的冷色调就可以了。这是因为暖色给人向前的感觉，冷色给人后退的感觉。画师可以用同样的方法营造出令人着迷的氛围。用颜色制造景深的范例如图 2-39 所示。

左图为 Gary Tonge 的作品，这张漂亮的风景画就是采用前绿后蓝灰这样的颜色，用色相与纯度对比拉开前后的空间景深。右图为瑞典概念设计师、绘景艺术家 Andree Wallin 的作品，同样也是采用色相冷暖对比和纯度对比拉开景深的。

图 2-39　用颜色制造景深的范例

4. 光影和颜色

在画面中，体积和素描的关系在初始阶段中确定下来是非常重要的，最终将颜色和光影加到画面中的时候，整个作品就会鲜活起来。因此保持对作品的第一感觉非常重要，包括用颜色制造的景深，用主光源和环境光制造的色调。环境光取决于画师在画面中设定的角色或场景的空间，如果画面中有蔚蓝的天空，那么，环境光应该是蓝色的，因为宽广的蓝色天空覆盖了整个场景。这种蓝色会从各个角度影响到场景中的所有物体，特别是阴影部分受环境光的影响最明显，这就是为什么我们能经常看到画面中很漂亮的蓝色、紫色的阴影，或者是逆光下的蓝紫色高光。光影和颜色的使用范例如图 2-40 所示。

左图作者在画面左边设置主光源，然后利用周围环境，用蓝色环境光塑造角色阴影中的形体。右图为 DC 漫画公司《超级英雄》的漫画扉页，在美式漫画中补色搭配是一种常用技巧，简单来说，就是如果正面打暖光，背面就打冷光，也可以把它视为环境色的主观搭配。

图 2-40　光影和颜色的使用范例

5. 环境颜色的相互影响

如果画师想用光线和环境光的理论深入研究作品，画师需要考虑作品中各个物体的材质表面，这有助于想象出各物体间相互影响的反光，到底是漫反射还是镜面反射，这两种情况下光线表达的质感和强度是不一样的。光线下产生的阴影使场景中的物体得以区分开来。环境颜色的使用范例如图 2-41 所示。

左图为 Levente Peterffy 的作品，在这幅作品中，作者用环境光来表现景深、地上的阴影和画面中的光感。柔化光线，饱和度高的部分会体现出光感，就像空气弥漫在光线周围，使整张画面色调柔和、精致。这同样适用于半透明物体的表面，或者饱和度高、色彩浓烈的物体，物体表面的颜色会反射影响到周围区域，包括周围的空气和物体表面，如同右图 Daniel Kvasznicza 的作品，这是一幅漂亮的唐人街概念草图。

图 2-41　环境颜色的使用范例

6. 环境对颜色的影响

环境对颜色的影响，简单来说，就是画面的整体光效。例如，蓝灰色的城墙，在夕阳的照耀下就会整体偏向于橘红色或橘黄色，这与我们用软件整体打光的效果和目的是一样的，就是弱化物体固有色相，整体统一放大光源色相。整体光效的使用范例如图 2-42 所示。

左图为 Gary Tonge 的作品，在这幅作品中，远处的云层弥漫着漂亮的金红色光芒，光线影响着场景中的所有物体，任何其他的颜色和补色对比都会对这里的氛围造成破坏。作者在此也利用颜色的重量感使前景的建筑看起来结实厚重。右图为 David Hong 的作品，作者把整个画面统一在一个主体光效颜色中，局部使用了弱对比，这样不会破坏整图的大光效环境，这也是 CG 概念场景设计中的常用配色技巧。

图 2-42　整体光效的使用范例

第三节　如何构图

构图，是绘画作品中非常重要的一个因素。构图在国画中也称为经营布局。如果拿排兵布阵来形容，构图如同很厉害的武将，但是这个武将若没有放到主战场上，那么，在整场战争中，这个武将就基本没有用武之地了。构图在画面中也是如此，技术好，但是都表现在一些边角的地方，画面感觉自然不好。商业插画或概念设计没有好的布局，其精彩之处就不能得到很成功的体现，而场景概念设计（环境概念设计）对构图的要求更高，因为其画面需要注意的焦点不如人物设定类作品的焦点那么明显。

下文将讲述 CG 绘画构图布局的几个常见技巧，希望对大家的绘画构图有所帮助。

一、形式主线构图

画面的结构主线是指对组织画面形象起基础作用的分割画面的主要长线，或是在构图结构中起主要形式作用的长线，也叫基础线或形式线。[①]

1. 水平主线的作用

在构图中，与画框上下边线呈平行关系的直线叫水平线。当水平线作为构图的结构主线时，画面就像注入了镇静剂一般，增加了水平线所具有的平静、安定、舒展的因素。其主要作用有以下三点。

1）传递静感

在构图的形式结构中，如果有一条贯穿于全画的水平长线或数条平行的水平线时，这将是画面静感心理产生的重要因素。

2）表现平坦与开阔

以水平线为结构主线的构图，一般与横向运动的物象及横幅相适应。由于水平线有向两边方向伸展的运动感，在构图中会使人产生平静、开阔和无限宽广的形式心理。因此，表现广阔的草原、辽阔的海面、宁静的湖泊和平坦的原野时，构图的结构主线与表现对象的形象特点就形成了一种天然的契合。用水平主线表现平坦与开阔的作品如图 2-43 所示。

3）增强动静矛盾对比

水平线在构图中可以增强动静矛盾的对比，起到抑制或加强动感的作用和抑制激动情绪的作用。用水平主线增强动静矛盾对比的作品如图 2-44 所示。

图 2-43　詹姆斯·麦克尼尔·惠斯勒《洗涤的场所，不列塔尼》　　图 2-44　德国 CG 艺术家 Inga Nielsen 的作品

2. 垂直主线的作用

在构图中，与画框左右边线呈平行关系的线叫垂直线。垂直线以自身形态所具有的刚直、挺拔、严肃、沉着、静止的特征，在构图的形式结构中起着平衡画面的作用。竖直物形在构图中还可以排列，便于完整地展示各个形象。当垂直主线与物象保持同一方向时，其结构形式会令人产生高耸、庄重、肃静等视觉心理。垂直主线的主要作用有以下三点。

[①] 部分内容引用自《绘画构图学》，常锐伦，人民美术出版社，2008 年。

1）表现高耸、刚直、挺拔的性格

由于垂直线具有向上下伸延的特征，因此构图中的垂直线，无论是贯穿于整个画面，还是由下至上或由上至下地布局，都使人产生高耸、挺拔、刚直的心理感觉。

郑板桥的作品《竹石图》（见图 2-45），画中的竹子虽然只取了几节，但由于上下的延伸感，画面中的竹子给人一种异常挺拔高直的心理感觉。A、B 两条等长垂直线（见图 2-46），A 线由于与画边缘相接，有被截去之感和向下伸延的感觉，而且感觉 A 线比 B 线要长。而 B 线全露，虽然有向上下伸延感，但其长度已被限定，感觉比 A 线短。

图 2-45　郑板桥《竹石图》　　　　　　　　　　图 2-46　等长线段视觉心理

另外，画师在画肖像画时，如果所画的对象是矮个子，站姿构图时，为了避免暴露人物高度，一般不画小腿。因为站姿有挺拔感，脚部又有向画外延伸的感觉，所以不会显矮，反而显高。

伊凡·伊凡诺维奇·希施金的作品《在森林里》如图 2-47 所示，在这幅作品中，树的上部都被画框截取，但尽管如此，树干的垂直作用和竖构图的原因，使人产生向上高耸延伸的视觉心理。

手冢治虫的动画《大都会》海报如图 2-48 所示，在这幅作品中，所有的大厦都是高耸向上的，配合其科幻的故事背景，给人高耸、坚挺、冰冷的感觉。

图 2-47　伊凡·伊凡诺维奇·希施金《在森林里》　　　图 2-48　手冢治虫　动画《大都会》海报

2）表现庄重、肃穆、悲壮

垂直线具有向下的力感和静止的稳定感。构图中出现平行的垂直线，使人产生肃穆、庄重的心理。

凡·爱克兄弟的作品《结婚》如图 2-49 所示，画中人物垂直站立，加上表情因素，更表达出一种庄重、肃穆的感觉。在董希文创作的《开国大典》（见图 2-50）中，人在庄严肃穆时的动作表情往往是直立的。在表现英雄人物就义时，往往多采用笔直挺胸昂立的姿势，以体现人物刚直、威武不屈的气概，从而表现庄严肃穆的悲剧感。例如，闻立鹏在《英特纳雄耐尔就一定要实现》（见图 2-51）中，就是采用直立的构图形式。

图 2-49　凡·爱克兄弟
　　　　　《结婚》

图 2-50　董希文《开国大典》

图 2-51　闻立鹏《英特纳雄
　　　　　耐尔就一定要实现》

3）表现秩序、严肃和呆板

构图中的形象笔直排列时，具有秩序性与严肃性，尤其是等距离排列时，还具有庄重甚至呆板的特性。现实生活中的仪仗队以及建筑物的柱子等就易使人产生这种心理。表现秩序、严肃和呆板的作品如图 2-52 和图 2-53 所示。

图 2-52　新海诚《秒速五厘米》动画场景

图 2-53　游戏《最终幻想》海报

3. 斜线与倾斜的作用

在构图中，与画框边线不平行的直线叫斜线。斜线具有不稳定的视觉特征，是构图产生动势与不稳定心理的形式因素。例如，正方形改变空间定向则变成了菱形，正方形与菱形相比较有很明显的区别。正方形的边是由垂直线与水平线构成的，它看上去给人静止、稳定和简化的感觉。菱形的边是由平行的斜线构成的，由于是在一个点的基础上所达到的平衡，它不像正方形那样是基于一条坚实的水平线的边所达到的平衡，因此菱形不具有正方形所具有的那种静感。相反，菱形的边是斜线，所以具有动感。构图结构中，主体形象为斜线或主体形象倾斜时，其目的是表现物象的运动和不稳定性。斜线与倾斜的作用有以下几点。

1）表现动感和不稳定性

亚历山大·罗钦可（1891—1956 年）的作品《楼梯》如图 2-54 所示。他不但是俄国有史以来最重要的摄影家，也是俄国十月革命中重要的艺术导师。亚历山大·罗钦可的构图手法，有三个特点是十分明显的。

他的照片不是"仰视"就是"俯视"，或者把地平线弄歪，使对象和观看的人失去原有的水平的观看点。他会采取这么偏激的角度也是有理由的：为了指导人们以新的视点去看事物，必须先拍相当普遍的物体；之后，以完全不期然的角度的位置去拍他们熟悉的东西，以一系列不同的观点去拍摄他们不熟悉的事件。这种手法拍出来的东西，仅就外在表现来看，就是独树一帜的。在这幅照片的构图结构中，当表现该物象的空间变为倾斜时（主题形象为斜线或为倾斜物时），会使人产生运动感和不稳定的视觉心理。表现动感和不稳定性的作品如图 2-55 和图 2-56 所示。

图 2-54　亚历山大·罗钦可《楼梯》

图 2-55　押井守　动画《天使之卵》截图 1

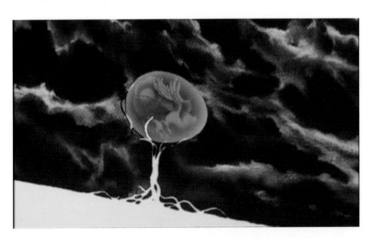

图 2-56　押井守　动画《天使之卵》截图 2

2）表现运动方向和动势

构图中的斜线及倾斜物的形态是表现物体运动方向和速度的重要形式因素。埃德加·德加的作品《舞台上的舞女》（见图 2-57），这幅作品拉高了视平线，采用的是俯视取景，这样的一种取景，为正在伸臂旋转的芭蕾舞女提供了富有纵深感的背景。斜线式的构图，感觉人体朝观众奔过来，使人感觉到画中人物强烈的内在冲动。

有些画家喜欢用斜线表现刮风、下雨、投射出的炸弹、抛掷出的物体等，就是运用斜线产生的方向感和速度感，加强画面的运动气氛。

肯特的作品《白鲸》的插图如图 2-58 所示，肯特在天空中画了众多排列的斜线，使白云有了很强的流动方向感，也使画面增强了动感的气势。

图 2-57　埃德加·德加《舞台上的舞女》　　　　图 2-58　肯特《白鲸》插图

在志村立美的作品《混世生涯》的插图（见图 2-59 和图 2-60）中，他以斜向安排改变了餐桌和餐具的方位，表现出武士暴露后将餐具抛掷和将餐桌踢飞时的情景，使画面物象具有很强的由远及近飞来的运动感和整体的动势。

表现运动方向和动势的作品如图 2-61 和图 2-62 所示。

图 2-59　志村立美　《混世生涯》插图　　　　图 2-60　动态线分析

图 2-61　美国插画艺术家 Sam Nielson 作品　　　　图 2-62　动势方向表示

3）表现人体运动和重心不稳定的程度

在岩田专太郎的作品《蛇姬夫人》的插图（见图 2-63）中，人物倾斜度很大，表现了人失去重心跌倒的动态。

彼得·勃鲁盖尔是 16 世纪尼德兰最伟大的画家之一。他一生以农村生活作为艺术创作题材，人们称他为"农民的勃鲁盖尔"。《盲人的寓言》描绘的是六个盲人从画面的左边开始，沿着倾斜的地面，链条般地一个拉着一个前进。每个人由于倾斜的角度不同，表现出重心不稳定的程度也不同：前面的人已经摔倒，而后面的人由于失去重心而即将接连摔倒。

彼得·勃鲁盖尔的作品《盲人的寓言》如图 2-64 所示。

图 2-63 岩田专太郎《蛇姬夫人》插图

图 2-64 彼得·勃鲁盖尔《盲人的寓言》

4）表现无序的动乱感和眩晕感

勃鲁盖尔的作品《妖魔之战》（见图 2-65）的画面中的刀、叉、器物，均以各种角度的倾斜表现出来，构成整幅画面各种斜线的交错，使人产生强烈的混乱厮杀的动乱感。不同方向的斜线或倾斜物无序地排列，可以产生强烈的杂乱感、动乱感或眩晕感。在现代派绘画中，许多作品都是以抽象无序的斜线来表现动感和混乱感的。欧美彩色漫画中的大镜头也常常采用这种构图方式，如美国艺术家 Frank Cho 的作品（见图 2-66）。

图 2-65 彼得·勃鲁盖尔《妖魔之战》

图 2-66 美国艺术家 Frank Cho 的作品

有时，画家也利用不同方向感的斜线或倾斜状态来表现人恍惚的精神状态。

德国表现主义画家乔治·格罗兹在《献给奥斯卡·帕尼扎》（见图 2-67）这幅作品中，将所描绘的人物、建筑物错综复杂地交织在一起，表现了人精神的恍惚和失去常态的心理。

比利时版画家法朗士·麦绥莱勒的作品《我的忏悔》如图2-68所示。麦绥莱勒在画中通过城市楼房无规律的倾斜布局，表现出街道上那个高举双臂的人恍惚的精神状态。

图2-67 乔治·格罗兹《献给奥斯卡·帕尼扎》　　　　图2-68 法朗士·麦绥莱勒《我的忏悔》

5）仰视的倾斜

仰视的倾斜就是将取景框随着头仰起向上取景，由于仰头改变了透视，垂直地面原有的物体都向天际点集中或消失，这样就引起了画面的倾斜。因为仰视，构图要适应地面的各种角度来进行观看，画中的物象呈现出的是非正常的倾斜，会令人产生一种眩晕的晃动感。图2-69所示为用仰视的视角所拍摄的作品。

图2-69 莉赛特·莫多尔的摄影作品

二、基本型构图

1. 圆形的作用

圆形的边线没有首尾的差别，也没有方向的差别，张力均匀，给人以流动、饱满、完整的感觉。物象的结构呈圆形，具有凝聚的整体感，这是因为饱满和结实的圆形是容易引起人们注意的形状（很多路标都是圆形牌）。

1）实心圆的团拢作用

凯绥·珂勒惠支的木刻作品《母亲们》如图 2-70 所示。珂勒惠支是德国的女版画家、雕塑家，这幅作品是她在第一次世界大战之后创作的。由于经历了战争带来的痛苦，所以这位艺术家创作了许多悲伤母亲的形象，来宣传反战思想。

在这幅作品里的形象构成了一个黑色团块实体，妇女们的臂膀连接成相围的线性，同时又给人以收拢的形式感，让人感到坚实。这种实心圆的构图表现出母亲们保护孩子的决心和行动，使人感受到母亲爱子的深情，以及母性的伟大。

利用实心圆的团拢作用的构图还有插画师 Carole Beatrise Petter 的作品，如图 2-71 所示。

图 2-70　凯绥·珂勒惠支《母亲们》　　　图 2-71　插画师 Carole Beatrise Petter 的作品

2）同心圆的向心性

同心圆就好像在水中扔一颗石子，形成圈圈涟漪，将人的视线引向中心，并又随着波纹向圈外运动。

王公懿的版画作品《结党》如图 2-72 所示，这幅作品是王公懿创作的《秋瑾》组画之一。当时秋瑾为了推翻清政府，和战士们端酒立誓为盟。画家以秋瑾为中心人物，在众人背后刻出白色圆形光环，圆形光环在这里起到了聚拢并加强团结的形式作用。同时，又将圆心中秋瑾领导人的地位凸显出来。

另外，这种背后加同心圆的构图方式经常用于角色烘托或者视觉聚拢。单个角色的表现或者群体英雄角色的表现常用这种构图方式，如波兰画家卡洛·巴克的插画作品（见图 2-73 和图 2-74）。

图 2-72　王公懿《结党》　　图 2-73　波兰画家卡洛·巴克的插画作品 1　　图 2-74　波兰画家卡洛·巴克的插画作品 2

3）环形的回旋秩序

凡·高的作品《放风》如图 2-75 所示。凡·高的这幅作品，如实地描绘了狱中犯人放风时排列成环形走动时的情景。构图中的物象组成环形，产生了一种秩序感。同时，画面中构成的环形也加强了回旋的运动感。宋文治的作品《山川巨变》（见图 2-76）中的山体呈半环状，与远方的大坝连成一线。江、船都被环抱在山体中，整幅画面构图完整连贯。在风景画中，湖泊周围的物体常常沿着湖畔环形布局，虽然稀稀落落，但却给人以围拢的秩序感，这是湖岸环形线连串作用的效果。

图 2-75　凡·高《放风》　　　　　　　　　　图 2-76　宋文治《山川巨变》

此外，群集性的角色也经常使用这样的环状构图，这样画面不至于因角色太多而感觉太散。如"变形金刚"系列彩色漫画（见图 2-77 至图 2-79），其漫画封面经常使用这种环状构图形式，用以烘托气氛，让其矛盾或者动势集中爆发。

图 2-77　《特种部队 VS 变形金刚》第一部第四集封面

图 2-78　《特种部队 VS 变形金刚》第一部第五集封面

图 2-79　《特种部队 VS 变形金刚》第一部第六集封面

2. 方形与矩形的作用

方形具有方正、稳定而呆板的特性。横竖线垂直分割画面，使其呈现方形和矩形两种形状，现在我们来分别看看它们在构图中的作用。

1）方形的坚实、敦厚与稳定

贾文福的作品《太行丰碑》如图 2-80 所示。

由于方形具有呆板的特性，所以将物象按方形来构图的作品非常少。然而，一旦运用方形，就会马上显示出构图的独特。贾文福的这幅画，具有坚实、敦厚、沉重的气势，这是由于画家将山体形状概括为近似的方形，同时又以强烈的黑白对比、交错布局的方法来组织画面。在画家眼中，太行山区作为八路军抗日根据地，那里的每座山都留下了太多的抗日故事，也都洒上了抗日英烈们的鲜血。因此，画中那严肃、敦实而板正的方形，与画家将太行山作为抗日历史丰碑的立意相吻合。

图 2-80　贾文福《太行丰碑》

方形呆板和厚重感的特性，在场景概念设计中是很常用的，常给人一种厚重、冷静、压抑的感觉（见图 2-81 和图 2-82）。

图 2-81　概念设计师朱峰的场景概念设计 1

图 2-82　概念设计师朱峰的场景概念设计 2

2）横长矩形的深沉与宁静

孙志钧的作品《牧马》如图 2-83 所示。从孙志钧的作品中我们可以看出，草原在画中呈现为深暗的横向长方形色块，这增加了画面的敦实感和厚重感，贴切地表现出草原大地黄昏后的寂静、厚重与深沉。再如《天使之卵》（见图 2-84）的动画截图，这种构图形式很容易营造稳定、深沉、宁静的意境。

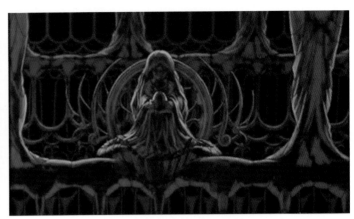

图 2-83　孙志钧《牧马》　　　　　　　　　图 2-84　押井守动画《天使之卵》截图

3）竖长矩形凸显高耸感与重量感

李可染的作品《桂林襟江阁》如图 2-85 所示。竖长方形与竖线的不同之处在于它们的面积大小，竖长方形不仅具有竖线的形式特性，而且更具有重量感和相对的稳定性。李可染和吴冠中都曾用竖线对画面进行分割，构图通常是取一边为山崖或山城，另一边为河流。《桂林襟江阁》这幅画中，水面留一条空白，上角画有几条小船，其余为墨黑的山。尽管中间被几层平台将我们的视线割断，但这座黑矩形的山体高耸在眼前，带给人非常沉重的重量感和压迫感。

吴冠中的作品《嘉陵江上》如图 2-86 所示。在画面右侧，画家将山城房屋重重叠叠地排列起来构成竖方形，而画面左侧则安排了嘉陵江并稍有弯曲，使左侧嘉陵江和右侧竖方形的房子形成对比。由于人的视点较高，采取的是俯视，所以这片房屋构成的竖长方形呈现出由近到远、由下到上的空间感，总体构成高而重的一个实体。

图 2-85　李可染《桂林襟江阁》　　　　　图 2-86　吴冠中《嘉陵江上》

3. 三角形的作用

三角形由于底边为水平线而具有稳定性。由于是三个尖角，所以会给人向外冲引的力感。但是，当三角形倒置时，它也会随着空间的倾斜，变成一点支撑而极不稳定。

1）尖角的引向力和前冲力感

亚历山大·罗德欣柯的作品《救援出口》如图 2-87 所示。罗德欣柯是 20 世纪初苏联的一位美术家、雕刻家和摄影家。他的摄影作品反映社会现实，在形式上寻求创新。这主要表现在他经常从出人意料的角度来进行拍摄，通常是俯视或仰视，或采用斜线形式来进行构图，使观众认不出熟识的景物。在这幅名为《救援出口》的摄影作品中，三角形的尖角有引向的作用，带给人一种很强烈的向上冲的力感。在绘画或摄影中采用这种形式，能增强画面的表现力。

2）三角形的庄重

拉斐尔的作品《望楼圣母》如图 2-88 所示。三角形由于腰边对称而具有挺拔、呆板、庄严、静默的稳定感，是构图中起到安定、庄重作用的形式因素。拉斐尔是一位善于将众多人物组成金字塔形结构的大师，他创作出多幅金字塔形结构的作品。《望楼圣母》是拉斐尔的早期名作。在这幅作品中，他用圆润流畅的线条把圣母、耶稣和圣约翰的优美形象用等腰三角形的构图和谐地组合起来，创造出一个充满人间气息的"神的世界"。

动漫游戏美术作品也常以这种构图形式烘托英雄角色，如游戏《战神》（见图 2-89）的概念设计海报。

图 2-87　亚历山大·罗德欣柯《救援出口》　　图 2-88　拉斐尔《望楼圣母》　　图 2-89　游戏《战神》海报

三、黄金分割与三分法

三分法源自于"黄金分割定律"，实际上黄金分割与三分法差不多是一个概念，只是三分法对于图像的比例做了些小改动，这样在构图操作方面会更加简单。下文以《激战 2》游戏原画为例（见图 2-90 至图 2-92）来说明三分法。

大家应该注意到了，《激战 2》游戏画面中的主要焦点大多直接位于"热点"上，而其他的次要焦点则安排在收敛线附近，而不在交叉点上，这样就避免了抢焦点的风头。

这些三分线相互交叉形成了四个交点，我们称之为热点，注意所有这些"热点"都是偏离画面中心的位置。

两个最好的"权力点"是右上点和右下点，当人们欣赏一幅作品时，其视线从左下角进入，然后穿过画面中心，最后停在右边的热点位置——"趣味中心点"上。

人们的视线之所以从左下方进入，是因为人的读书习惯是从左向右，这个心理学现象很多年前就被证实了。无论画面比例如何，三分法都适用，注意热点最终落在收敛线的中心附近。

此外，需要注意的是，不要把两个同等重要的兴趣中心直接放在两个黄金分割点上，尤其是位于画面的两侧。这样会混淆观众视线，使其在两个兴趣中心之间游离不定，最后厌倦而离开。①

---

① 部分引用自苏峰的网络文章《游戏原画场景概念设计技法——布局构图技巧》。

黄金分割与三分法的相互位置关系如图 2-93 所示，读者在构图时也要注意，把最重要的焦点放在四个热点附近。

图 2-90 《激战 2》游戏原画 1

图 2-91 《激战 2》游戏原画 2

图 2-92 《激战 2》游戏原画 3

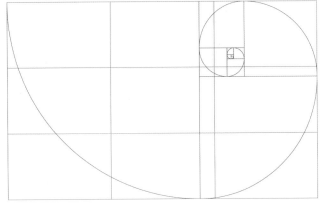

图 2-93 黄金分割 + 三分法

四、隐含格式构图

"隐含格式"是隐含的线条的集合，保持画面紧凑不松散。如果显露出来，它们会使眼睛产生愉悦的感觉从而使人的视线停留在画面上。下文将以实例介绍多种不同的隐含格式和布局方式。

1. 环形隐含格式

环形隐含格式构图如图 2-94 所示。环形由连续的 "曲线"组成，其环形的运动轨迹将人的视线牢牢地吸引在画面上。在自然界及人类创造物中有许多的圆环形物体，运用到布局上时，可以以一种很明显的方式表现出来。

2. 十字形隐含格式

十字形隐含格式构图如图 2-95 所示。

"反作用力"的使用给画面增添了一种和谐而有凝聚力的感觉。十字形中水平线起"制动器"的作用，垂直线则扮演了领导者的角色。摩天大楼的窗户呈十字形从而引起人们对该建筑物的关注。另外，十字形还有宗教上的意义，巧妙地运用能使画面带上深远神秘的色彩。

亚当·休斯的漫画杂志封面作品（见图 2-95）就巧妙地运用了十字形的构图，也有人认为是"L"形的构图。

我们以人物群组整体为中心，从水平穿过的粗线条就可断定是"十字形"。人物阴暗的面部表情、作品的主题以及创作者运用象征性布局的能力再一次证明了这一点。

3. 辐射状隐含格式

辐射状隐含格式构图如图 2-96 所示。

辐射状由"线条"在中心交汇处的结点及由中心向外的辐射组成。在自然界中辐射状物体随处可见，人造的辐射状物体最典型的例子就是车轮轮辐。当人的视线触及辐射状形体画面时会产生两种结果：一是被吸引到画面区；二是被吸引到画面以外。所以创作者在使用辐射状隐含格式构图时一定要小心使读者视线不被引到画面以外。

4. "L"形或矩形隐含格式

矩形隐含格式构图如图 2-97 所示。

这是一个非常漂亮的"框架"，可以用来强调重要的形象，在很多情况下是"框中有框"。画面中机械人的上半身姿势形成了一个"矩形"，突出了主要刻画对象。通过该方式就可以使"兴趣中心"跃然纸上，很容易被观察到。

图 2-94　法国古斯塔夫·多雷的宗教版画

图 2-95　亚当·休斯的漫画杂志封面作品

图 2-96　《机动战士高达 SEED》动画海报

图 2-97　Brian Despain 的作品

5. 拜占庭式隐含格式

拜占庭式隐含格式构图如图 2-98 和图 2-99 所示。

一些艺术理论主张作品中最重要的信息应该放在靠近画面中心的位置，这可能让人感到疑惑，因为这与"黄金分割规则"的许多理论相冲突。通常拜占庭式布局都是通过一种特定的方式来表达一个象征性的主题，如英雄主义或宗教方面的。

图 2-98　概念设计师 Andrew Jones 的作品　　图 2-99　概念设计师黄光剑的作品

　　基本上常用的一些构图形式已经介绍完了。简单总结一下，创作者开始构图的时候，会有很多种草稿图样，然后可以按照作品的感觉，选择符合画面感觉需求的构图。长期这样积累构图并慢慢选择，就会养成构图习惯了。

　　构图是一门艺术。不同的艺术设计对构图有着不尽相同的要求。在应用的时候，需要注意以下几点。

　　（1）视点是否明确。

　　（2）是否有助于情节的表达。

　　（3）是否符合情节氛围需要。

　　（4）是否符合形式美法则（均衡与对称、渐次与重复、对比与调和、比例与尺度、节奏与韵律、客体与主体、微差与统调、特异与秩序）。

第四节　人体结构

　　人体是 CG 绘画中比较重要的一个因素，不管画面的配色有多好，创意有多好，人体结构错了，整个画面的质量就下降了。在 CG 绘画中，我们可以使用各种方法来解决人体结构的问题。

一、传统人体结构知识

　　如果要强化学习人体结构相关的知识，首选的参考书籍就是《艺用人体结构》（见图 2-100）和伯里曼人体结构系列教材（见图 2-101）。这些基本上是艺术专业首推的人体结构教材。常规的画法是先把所有的肌肉都概括为几何体，然后再细化，这样就比较方便塑造了。

　　这种画法被我们视为正统的人体结构的学习方法，如同军事训练中的体能训练，没有什么招式，一切都是稳打稳扎地提高基本功，如果有一天不需要看图而这些结构都记忆到脑中了，那么，人体结构的基本知识就已经掌握得非常牢固了。这个时候再配合创作，就如虎添翼了，在结构的表现力方面也会有很出色的表现。而我们所说的技巧，就如同军事训练中的各种格斗术，再强的格斗术（人体动态绘画创作与表现技巧），没有扎实的身体素质和基本功（人体结构理论知识）的支持，是发挥不出效果的。

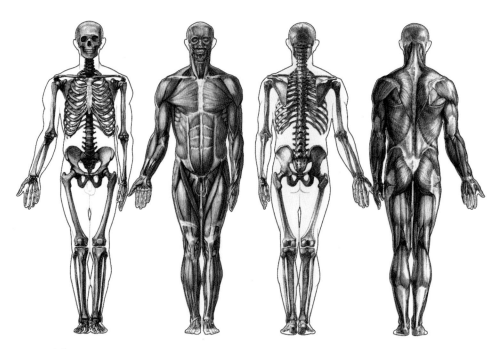

选自《艺用人体结构》，德国戈特弗里德·巴莫斯编著。

图 2-100　人体骨骼与肌肉结构图示

图 2-101　伯里曼人体结构系列教材

二、照片参考"再创作"

照片改插图、照片改漫画，这一直是插画界和漫画界很富争议的一个问题。关于这个问题，主要有两种观点。

第一种观点认为这种行为是抄袭，用明星或者他人的照片改成插图或漫画侵犯了他人的肖像权，还有画插图的时候常用的一些素材图案也涉及授权问题。第二种观点认为这和我们画素描色彩是一样的，是在有参照对象的情况下进行再创作，只要不是用软件滤镜直接把照片 PS 成插图漫画，那么都属于再创作，所以不存在抄袭行为。

笔者个人比较偏向第二种观点，实际上抄袭与否的区别在于是直接 PS 出来，还是再创作画出来。有参照物后进行再创作与直接 PS 蒙混过关欺骗客户，这两者是有本质区别的。

这种方式在日本和我国是一种常用的 CG 绘画表现技法，平凡、陈淑芬、德甄等都是非常著名的言情小说封面插画师。假若这种方式触犯了法律，那么，他们应该早就换风格了。这种绘画方式的存在是有一定道理的。插画师平凡的作品如图 2-102 所示。

台湾插画师平凡参考木村拓哉的照片、海报进行的再创作，其照片、海报与成品商业插图对比。

图 2-102　插画师平凡的作品

对于绘画专业的学生来说，通过参考物进行再创作是很平常的一件事情。不过 CG 绘画、插画等主要是用于商业创作，画师在使用这种方法前，一定要做好以下几点准备工作。

（1）最好是和参考照片的本人或摄影师联系，并取得授权。

（2）要求画师这样创作的出版社或公司开出"免责声明"。

（3）访问一些欧美三维素材网站，这些网站有专门的人体动态素材可供下载，下载后再创作没什么问题。

（4）画师可以自己约几个朋友，参考海报里的动作进行拍照，然后再创作，这样可以尽量避免发生肖像权侵权的问题。

三、木头人、兵人素体参考

美术用品专卖店经常有木头人和木头手等绘画用教具可供购买，但是对于木头人教具笔者只能说一句话："太不好用了，买了完全用不上。"因为制作结构问题，大多数动态摆不出来，是超级不实用的绘画用教具（见图2-103）。

因结构设计问题，手不能摸肩，腿不能跪下，很多扭动动作根本摆不出来。

图 2-103　木头人教具缺陷示意图

如果大家需要购买和使用绘画用教具，笔者推荐玩具手办店中常用的"兵人素体"模型（见图 2-104 至图 2-106)，这种类似于 SD 娃娃、芭比娃娃一类的素体模型，可更换头部模型和着装。

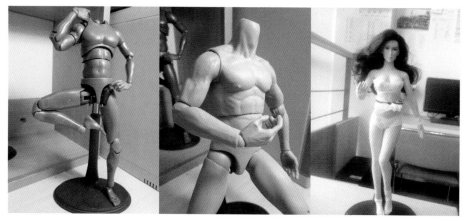

左图为普通素体（在模型玩具范畴里，可着装或附配件的玩具，不包含着装配件，也可称主体），价格为 28~100 元，关节多，可做出各种复杂动态。中间图为半包胶肌肉素体，一般是男性上半身包硬胶，作为肌肉动态的参考很方便，但是由于包硬胶的关节少一些，可摆动作的幅度就小了，价格为 130~200 元。右图为女性全身包胶（软硅胶），附带头模和部分衣物，动作幅度各方面都不错，价格在 400 元以上。

图 2-104　兵人素体模型 1

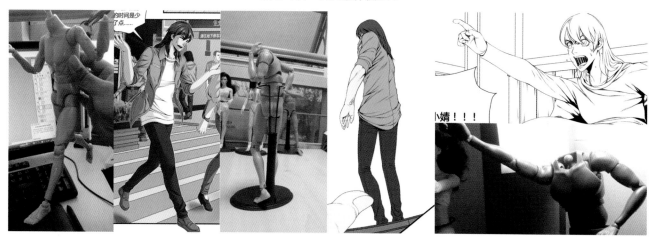

参考素体模型绘制漫画与 CG 插图，既方便又不必担心肖像权的问题，而且角度、透视等可以自己摆弄。

图 2-105　兵人素体模型 2

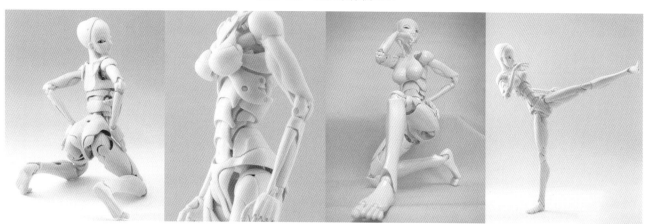

高端素体，需要预定，价格相当昂贵，但是全身肌肉骨骼可以联动，也可配套全身硅胶，考虑到性价比问题暂不推荐。

图 2-106　高端素体模型

四、角色模型软件参考

1. Poser（人物造型大师）

Poser 是 Metacreations 公司推出的一款三维动物、人体造型和三维人体动画制作的极品软件（见图 2-107）。Poser 的人体设计和动画制作非常的轻松自如，制作出的作品非常生动。而今 Poser 更能为三维人体造型增添发型、衣服、饰品等装饰，让画师的设计与创意轻松展现。

左图是 Poser 图标界面及其作品，中间图与右图是 CG 绘画艺术家 Adriana Vasilache 的作品，她擅长人物题材的 3D 创作和照片基础上的后期制图。在国际上，利用 Poser 或者其他三维角色制作软件前期制作模型，并利用插件渲染，然后配合 PS 或者 PT 进行加工绘制，是一种常规的 CG 绘画流程。

图 2-107　Poser

Poser 现已有中文版，操作十分简单，是 CG 绘画中人体造型方面的好帮手。

2. Pose Studio 与 Clip Studio Paint

两款软件同属于 Celsys 公司，Clip Studio Paint 涵盖了 Pose Studio 的功能，而且附带漫画插画绘制功能（见图 2-108）。

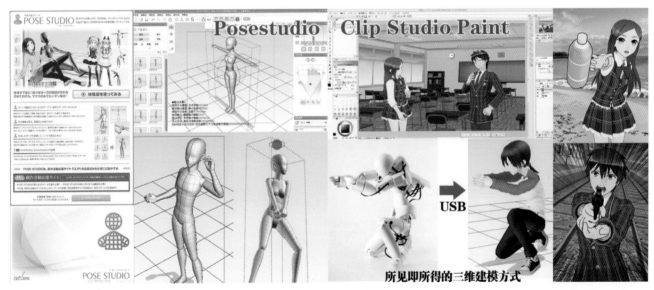

Pose Studio 小巧简单，容易操作。而 Clip Studio Paint 不单涵盖了 Pose Studio、Comic Studio、Illust Studio 三款软件的功能，还可以从官网上下载角色模型，并且可以添加外置 USB 小机器人，小机器人摆什么姿势，软件中的角色就摆什么姿势。价格不算太贵但需要预订，这样相当于个人拥有一套角色动作捕捉仪，十分方便。

图 2-108　Pose Studio 与 Clip Studio Paint

第五节　空间透视

一、常用透视种类

绘画中的透视有三大类：色彩透视（距离造成的色彩变化）、消逝透视（物体在不同距离上的模糊程度）、线透视（物体的轮廓线在不同距离上的形状大小变化）。而我们常说的透视实际上指的是线透视。

1．一点透视（平行透视）

一点透视如图 2-109 所示。

相对于画面，立方体（或类似形体）的高度、宽度轮廓线分别垂直、平行于画框，而深度轮廓线相交于灭点（消失点）。

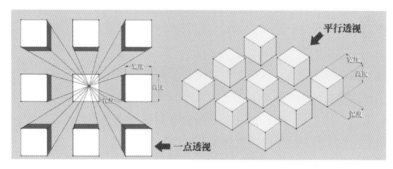

图 2-109　一点透视示意图

简单来说，一点透视虽然有时候被称为平行透视，但两者还是有本质区别的。一点透视中，宽线相互平行且平行于水平线，高线相互平行但垂直于水平线，而所有的深度线（延长以后）相交于一个灭点（消失点）。平行透视中，三组线都是组内相互平行，但没有相交于一个灭点。画正面的街道或室内，使用一点透视是很容易掌握和表达的，所以较常用。而平行透视一般应用于 Web2.5D 网游，就是我们所说的"假" 3D 网游，比较常用这种俯视角度的平行透视效果。在一点透视中，宽度和高度是很好确定的，而深度是需要通过"距点"计算出来的。

一点透视范例如图 2-110 所示，左图为 Comic Studio 中 2DLT 场景范图，右边三幅图为新海诚创作的动画场景，均为一点透视典型范例，所有的深度线条交于灭点。距点求深的方法按照传统建筑透视做起来比较麻烦，后面章节会介绍通过软件辅助做距点求深的技巧。

图 2-110　一点透视范例

2. 两点透视（成角透视）

两点透视如图 2-111 所示。

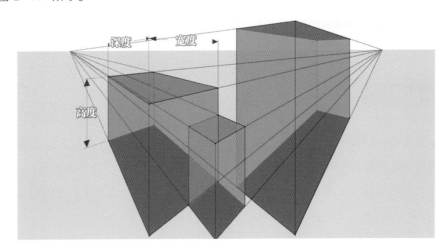

图 2-111　两点透视示意图

相对于画面，立方体（或类似形体）的高轮廓线垂直于画框，而宽度、深度两组轮廓线分别相交于左右两个灭点。

简单来说，两点透视也就是成角透视，在画面中，所有的高度轮廓线是相互平行且垂直于画框的，而所有的深度线（延长后）集中于水平线上的一个灭点，所有的宽度轮廓线（延长后）集中于水平线上的另一个灭点，两个灭点分布在画面左右。两点透视也是 CG 绘画绘制场景时最为常用的透视之一，比较容易掌握。画面中的高度是很容易确定的，但是深度和宽度都只能按照高度作为基准，利用"距点"计算出它们在透视图中的实际长度。

两点透视范例如图 2-112 所示，左图与右上图为 CG 绘画大师 John wallin 的作品，右中图与右下图为 Comic Studio 中 2DLT 场景素材。图中用红色线与蓝色线标识两组相交的轮廓线（宽度线和深度线），而高线基本上都是相互平行并且垂直于画框的。

图 2-112　两点透视范例

3. 三点透视（倾斜透视）

三点透视如图 2-113 所示。

相对于画面，立方体（或类似形体）的三组轮廓线（高线、深线、宽线）分别相交于三个灭点。

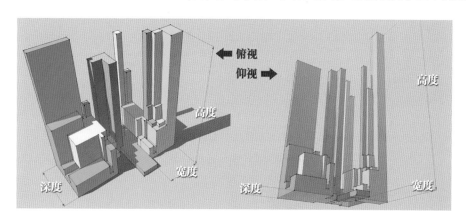

图 2-113　三点透视示意图

在两点透视的基础之上，所有的高度轮廓线（延长之后）相交于一个灭点，俯视时高线灭点在画面之下，仰视时高线灭点在画面之上，这里的高度、宽度还有深度都比较难以计算，如果按照建筑透视的标准制图法来做，会耗时很多，所以一般我们通过软件辅助透视线来解决透视准确与否的问题，在后文会详细介绍。一般概念设计中的大场景通常会采用这种三点透视，如图 2-114 所示。

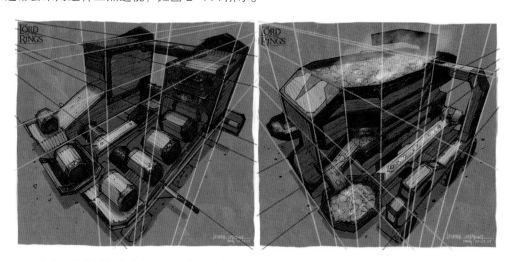

华裔概念设计师朱峰作品，三点透视在表达物体的体积纵深感时表现力很强。

图 2-114　三点透视范例

4. 散点透视（多点透视）

散点透视是中国画中的一种透视方法。中国传统绘画历史中，在南北朝刘宋时期，宗炳在《画山水序》中便已提出近大远小的透视原理，北宋画家郭熙在其著名论著《林泉高致》中提出"高远、平远、深远"三远法。三远法区别于西方绘画中的焦点透视法，其透视规则同样遵从近大远小的原则，但与西方绘画不同的是，西方绘画注重画面中的一个观察角度的空间纵深，通常只有一个灭点，而中国画中的空间纵深处理往往具有多个灭点，同时也自然具有多个观察角度。[1]简单来说，就是画面中的每一小部分都有自己的灭点，独立成画。中国国画长卷一般都采用散点透视画法，如图 2-115 所示。

---

① 引用自维基百科：http://zh.wikipedia.org/wiki/%E6%95%A3%E7%82%B9%E9%80%8F%E8%A7%86。

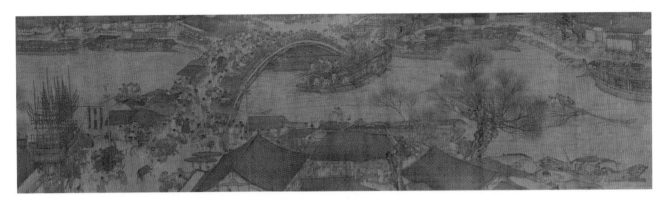

《清明上河图》，原图作者为北宋画家张择端，上图为明代仇英的版本。

图 2-115　散点透视范例

二、Photoshop 辅助透视线

　　建筑透视中一点透视的距点求深（物体的深度）还算是比较容易掌握的，但是两点透视的距点求深就比较麻烦了，因为建筑透视中还需要计算视距、视域、视角等。使用 PS 进行场景绘制的时候，可以稍微忽略视距、视域、视角，只要透视比例不过于夸张一般都可以。下文将介绍如何使用 PS 辅助透视线来绘制场景。

1.　一点透视

　　利用一点透视来作图，高度、宽度很好确定，但是深度不好确定，需要利用距点求深。详细绘制步骤如图 2-116 至图 2-120 所示。

　　（1）使用矩形选框工具，按【Shift】键在画面中选出一个正方形选框（需要配合一个空白图层）。

　　（2）执行"描边"命令。

　　（3）在弹出的面板中把描边宽度设置为"5 像素"，位置选择为"内部"。

　　（4）这样就得到了一个黑框正方形，按【Ctrl+D】组合键取消掉选区。

　　（5）把图层的名称改为"1×1 m"，表示这个黑框正方形是 1 米乘以 1 米。

1. 正方形选区　　　　2. 执行描边　　　　　　3. 内部描边　　　　　4. 完成一个黑框正方形　　5. 更改图层名

图 2-116　一点透视绘制步骤（1）至步骤（5）

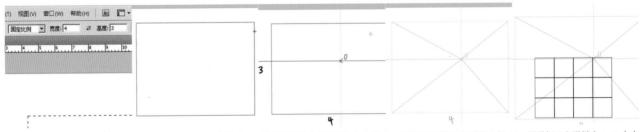

6. 矩形选框设置为固定比例 4:3　7. 绘制出 4:3 的选区并描边　8. 路径描边画出水平线和中心点　9. 路径描边连接四角到中心点　10. 用黑框正方形拼出 4×3 大小

图 2-117　一点透视绘制步骤（6）至步骤（10）

（6）假设现在要制作一个高 3 米、宽 4 米、深 4 米的房间，还是先使用矩形选框工具，设置为"固定比例"，宽度为"4"，高度为"3"，就相当于房子宽与高的比例为 4∶3。

（7）选出来以后描边黑色，这样一来房子高 3 米、宽 4 米的墙面就绘制出来了。

（8）用钢笔工具在画面中画一条水平的路径，配合画笔描边，权当作是水平线。如果是平视的话水平线就在正中间（实际上水平线在正中间，视高就相当于 1.5 米，按照成人身高 1.7 米来计算），俯视则水平线较低，仰视则水平线较高。然后在水平线上点出中心点 O，如果人（主视点）在画面的左边，那么中心点就偏右，如果人在画面的右边，那么中心点就偏左。

（9）使用路径描边，把四角与中心点连接起来，这样就确定了室内墙壁纵深的透视走向和角度（再把这个图层透明度调低作为参考，便于后期网格透视辅助线的使用）。

（10）现在需要制作 4×3 的墙面，将之前做好的 1×1 的黑框正方形不断地复制和拼接，做成 4×3 的大小，合并这些黑框正方形图层。

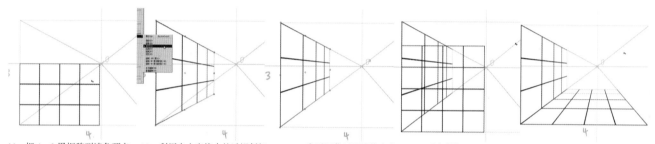

11. 把 4×3 黑框移到墙角顶点　　12. 利用自由变换中的透视斜切　　13. 一定要记住匹配墙线走向　　14. 再来制作 4×4 的地面　　15. 同样需要匹配地面墙线走向

图 2-118　一点透视绘制步骤（11）至步骤（15）

（11）把 4×3 的黑框左下角与房间框架的左下角对齐，便于后期变换。

（12）执行"自由变换"命令，就可以自由变换黑框，先把高度拉成和墙面一样高，深度可以自己确定，过深可当作是长镜头景深比较长，过浅可当作是短镜头景深比较短。然后执行"自由变换"—"透视"命令，让里面墙高度缩短，继续执行"自由变换"—"斜切"命令，使两条深度线条可以匹配房间框架的透视走向和角度。

（13）变换好以后按回车键或者双击鼠标左键，这样墙面就制作好了。

（14）现在制作地面，和前面的步骤一样，先制作 4×4 的黑框，并移动使其和房间框架左下角对齐。

（15）执行"自由变换"—"透视"—"斜切"等命令，使地面符合房间的透视走向和角度，深度和左墙面深度对齐，这样可以看到黑框正方形的边角顶点都是相互对齐的（左墙面和地面）。

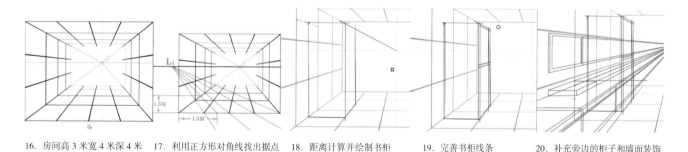

16. 房间高 3 米宽 4 米深 4 米　　17. 利用正方形对角线找出据点　　18. 距离计算并绘制书柜　　19. 完善书柜线条　　20. 补充旁边的柜子和墙面装饰

图 2-119　一点透视绘制步骤（16）至步骤（20）

（16）同样的方法，把整个墙体、地面、天花板全部制作好。这样就完成了高 3 米、宽 4 米、深 4 米的房间的纵深感。

（17）距点求深（景深）。

①当黑框正方形都是垂直立在眼前的时候，可以发现实际上每个正方形的对角线都呈 45°，相互之间是平行

的关系。而平放在地面之后，这些对角线延长后都会集中于水平线上的某一点，这个点就是距点（包括左距点和右距点），如图中红线所示。

②图中所示红色线就是平放在地面的正方形的对角线，它们的延长线相交于水平线上的 L_1，也就是左距点。如果需要一个柜子，离房间正面边缘是 1.5 米，那么就在正面框架底端找到 1.5 米位置的那个点，然后连接到左距点 L_1，相交于右面墙壁纵深线于一点。

③这样这点到左下角顶点的纵深距离也就是 1.5 米。这就是利用平放在地面黑框正方形的对角线延长后都会相交于 L_1 的特性，正方体的边长是相等的特性。这就是距点求深，这样一来，深度 1.5 米就可以确定了。

（18）此时，柜子的高度就比较好确定了，在边框上找出 2.5 米高度的点，连接到中心点，补充好水平宽线和垂直高线，就很容易确定柜子 2.5 米高度的线了。

（19）补充完善柜子的线条，并擦去多余的线条（参考线）。

（20）用相同的方法把书柜旁边的矮柜，墙面的玻璃框等绘制出来。

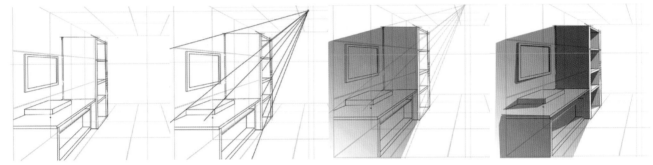

21. 擦去多余的线条　　22. 设置光源和光线照射路径　　23. 整体渐变打光　　24. 强化侧面阴影

图 2-120　一点透视绘制步骤（21）至步骤（24）

（21）擦去多余的线条（参考线）。

（22）设置室内的光源点，光线是沿直线传播的，所以用直线就可以确定光线的路径轨迹。

（23）确认大阴影的位置范围，用多边形套索工具做渐变效果。

（24）因房间窗户的关系，用多边形套索工具直接把背光面全部套中，再打一层阴影，整体光影效果就出来了。基本上一点透视和距点求深就是这样制作的，不算很难。总之记住一点，所有的深度线条全部是集中到水平线上的中心点 O。而纵深线的深度，需要从框架线上取相同长度位置的点，然后利用距点求深找出它在纵深线上映射的位置，这样就可以确定深度位置了。

2. 两点透视

利用两点透视作图，高度很好确定，深度、宽度都不好确定，需要利用距点求深。详细绘制步骤如图 2-121 至图 2-123 所示。

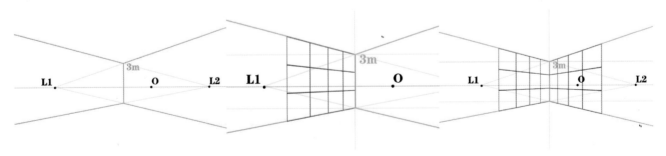

1. 确定水平线、中线点 O、左右距点、高线　　2. 根据高线制作左墙面 3×4　　3. 同样方法制作右墙面（窗口墙面）3×4

图 2-121　两点透视绘制步骤（1）至步骤（3）

（1）房间框架的准备工作。

①首先画一条水平线，在上面定一个视觉中心点 O，然后在水平线上定出左右两个距点 L_1、L_2。两点透视和一点透视不一样，一点透视的左右距点离中心点的距离是一样的，而两点透视的距点离中心点的距离是一边长一边短，这个自己控制好就可以（按照标准建筑透视制图法可以通过视角、视距、视高等计算出距深的，CG 绘画时可以自己估算，不需要那么精确）。

②在画面中间画一条线，代表里面的墙体高度为 3 米。

③将两边的距点与高线的两端相连并延长，这样房间纵深线的角度走向就确定出来了。

（2）与之前黑框正方形的做法一样，制作出左面 3×4 的墙面，并匹配墙面纵深走向。

（3）用同样的方法做出右墙面（带窗的那一面），左距点远则左墙面看起来就窄一些，右距点近则右墙面（带窗的那一面）看起来就宽阔一些，墙面的宽窄与其距点离中心点的距离成反比。

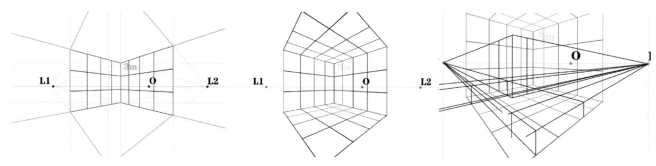

4. 利用左右距点定出天花板和地面的纵深角度与走向
5. 绘制出天花板和地面 4×4 的黑框
6. 根据房间框架和距点绘制出里面的家具

图 2-122　两点透视绘制步骤（4）至步骤（6）

（4）以两个距点为端点，连接墙体高线的端点，并延长相交，这样就得到了天花板和地面形状的框架。

（5）制作出 4×4 的黑框，并匹配到天花板和地面上，这样整个房间的空间框架就出来了。

（6）在房间框架内添置家具，参考一点透视的方法，都是 1 米的正方形框，整数的距离比较好计算，而非整数之类的就可以估算，准确的两点透视距点求深比较麻烦。要牢记所有的宽线延长后连接到左距点，而所有的深度线延长后连接到右距点，高线都与地面垂直。

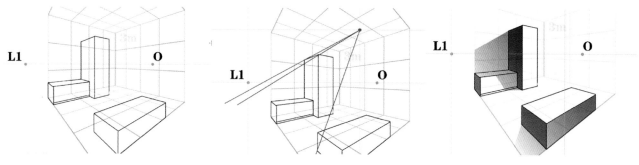

7. 擦去多余线条
8. 定出室内光源点和光线照射路径
9. 做好大面积渐变阴影和背面强化阴影

图 2-123　两点透视绘制步骤（7）至步骤（9）

（7）擦去所有多余的线条（参考线），这样内部家具的框架也绘制出来了。

（8）设置室内光位置，然后以其为顶点连接所有家具的边框顶点，这样就可以得出阴影的范围。

（9）阴影的处理方式和之前一样，大范围的做渐变效果，背光面的直接强化阴影效果即可。

三点透视在 PS 中做起来比较麻烦，但是道理是一样的，设置好左距点和右距点，若是俯视则在下方设置一个地点，若是仰视则在上方设置一个天点，不过这样深度、宽度、高度的计算就很麻烦了，需要学习的读者请查阅相关专业书籍。

三、Painter 辅助透视线

PT 中有专门的透视网格插件可以使用，也是以格子的形式呈现，按照格子来估算距离和深度。PT 透视网格的绘制步骤如下（见图 2-124）。

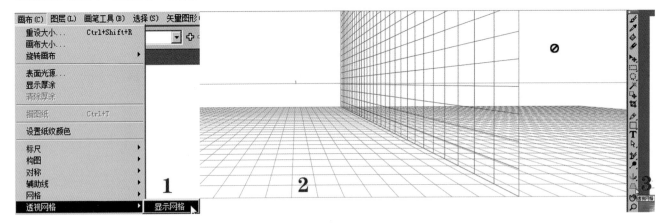

图 2-124　PT 透视网格的绘制步骤

（1）执行"画布"—"透视网格"—"显示网格"命令。

（2）画面中就会出现蓝色、紫色的网格参考线，绘制场景的时候按照这个格子来估算长度、宽度、高度即可，缺点是没有两点透视和三点透视的参考网格，仅仅只有一点透视的参考网格，而且画线的时候无法吸附在参考网格上，所以只能慢慢绘制。

（3）使用工具面板中的透视网格工具可以移动网格的中心点位置。

四、Comic Studio 场景绘制

笔者个人比较习惯用 Comic Studio 来绘制场景框架草稿，然后再利用 Photoshop 或者 SAI 来精细绘制场景。因为 Comic Studio 可以建立透视线尺子，然后在画线的时候可以自动吸附参考线。而 PS 中还得用钢笔工具对齐到消失点，相比之下 Comic Studio 做透视效果要方便很多。

1. 一点透视

Comic Studio 一点透视绘制步骤如下（见图 2-125）。

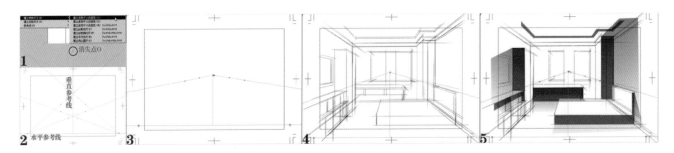

图 2-125　Comic Studio 一点透视绘制步骤

（1）执行"尺子"—"建立特殊尺子"—"建立透视尺"（一点透视）命令。

（2）画面会默认出现一点透视的参考线，顶上的点就是消失点 O，同时附有垂直参考线与水平参考线。

（3）使用尺子工具把消失点 O 移到画面中心。

（4）这个时候画线会自动吸附参考线，深度线条会自动向消失点集中，宽度线和自动水平高度线自动垂直。

（5）完成线稿后简单上阴影。

2. 两点透视

Comic Studio 两点透视绘制步骤如下（见图 2–126）。

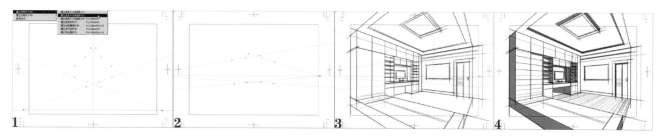

图 2–126　Comic Studio 两点透视绘制步骤

（1）执行"尺子"—"建立特殊尺子"—"建立透视尺"（两点透视）命令，会出现参考线默认布局。

（2）使用尺子工具把左、右距点向上移一些，最好一个距点远离画面，一个距点靠近画面。

（3）此时，画线所有的宽线自动朝向左距点，所有的深度线自动朝向右距点，而高线都垂直于画面。

（4）简单打个光影，两点透视的草稿就完成了，后期可以用 PS 或者 SAI 进行加工绘制。

3. 三点透视

Comic Studio 三点透视绘制步骤如下（见图 2–127）。

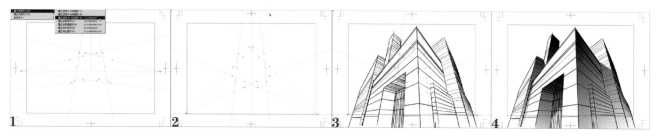

图 2–127　Comic Studio 三点透视绘制步骤

（1）执行"尺子"—"建立特殊尺子"—"建立透视尺"（三点透视）命令，会出现参考线默认布局。

（2）使用尺子工具把左、右距点向下移到画面底部两端，而高度线的集中点（天点）再向上移高一些，这样仰视的景深效果会更显著。

（3）此时，画线所有的宽线自动朝向左距点，所有的深度线自动朝向右距点，而高线都朝向上方天点。

（4）简单打个光影，三点透视的草稿就完成了，后期可以用 PS 或者 SAI 进行加工绘制。

第六节　软件基础——几何体基本造型

一、基础几何体的表现

软件基础，听起来很宽泛，针对专门绘图的画手来说，经常会听到"PS 软件基础"、"SAI 软件基础"、"Painter 软件基础"等。貌似新出来一个软件，就得赶紧去学，不学就会落伍。某种常用软件出了新版本，也赶忙更新使用。这种现象已经司空见惯了。

不过我们稍微冷静地想一想，CG 绘画或者说计算机辅助动漫插图设计，最基本的软件功能是什么？所有常用的绘画软件中都有的一些功能是什么？这才是 CG 绘画的软件基础。仔细清理后发现，所有软件中常用的共同方面有以下这些。

工具类：套索、画笔、渐变、橡皮擦、移动、抓手、文字、赛贝尔曲线（路径）等。

命令类：变形、翻转、描边、模糊等。

核心类：图层、图层属性、通道、蒙版等。

也就是说，把这些功能搞清楚了，才有 CG 绘画的软件基础。本节通过用 PS 制作最为简单的石膏几何体群组，来学习这些知识点并融会贯通，为 CG 绘画实战做好基础准备。

CG 绘画最基础的知识点就是在没有要求的情况下，默认画布大小为"A4"，分辨率为"300"dpi（见图2-128），这是一个基本常识，这样的尺寸大小打印出来的时候是很精致的，即使做成 A0 的海报写真，清晰度也还不错。然后复位工作区（见图 2-129），通常来说，"窗口"—"工作区"—"自动"，假设有特殊的常用工具，可以再调选出来。

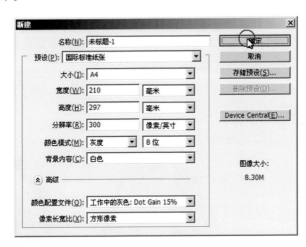

图 2-128　新建图像

图 2-129　复位工作区

默认"自动"的工作界面如图 2-130 所示。

图 2-130　默认"自动"工作界面

一般来说，"动作"面板在设计工作时是应用于批量处理工作的，所以还需要把"历史记录"面板调出来，这样在做错的时候可以随时调整（见图 2-131）。

新建一个空白图层，开始准备制作最简单的"圆球体"（见图 2-132）。

1. 圆球体制作

使用椭圆形选框工具，在新图层上拉出一个正圆（按住【Shift】键即可拉出正圆）（见图 2-133），然后换用渐变工具（使用径向渐变），在"渐变编辑器"中设置渐变样式（见图 2-134）。这里按照素描中的光影五大调子来设置 5 个色标，分别是白、稍灰、黑、深灰、淡灰，这样刚好对应着高光、亮面、明暗交界线、暗部、反光。越接近于传统画架上绘画的制作方法，做出来的效果就越自然。

图 2-131　打开"历史记录"　图 2-132　新建图层　　　图 2-133　正圆选区　　　　　图 2-134　"渐变编辑器"

圆球体做出来的效果稍黑，有点像铅球，所以调出"色阶"面板（按【Ctrl+L】组合键），调低"输出色阶"的黑色部分（见图 2-135 和图 2-136）。

 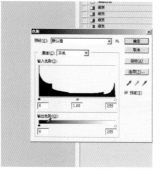  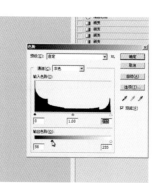

图 2-135　调出"色阶"面板　　　　　　　　　　　　图 2-136　调低黑色输出

2. 圆柱体制作

（1）先做圆柱体的顶面，也是新建一个空白图层，为了管理好图层，可以把图层的名字改成"圆柱体顶面"。制作一个椭圆形，使用线性渐变做一个从白到灰的渐变（见图 2-137）。

图 2-137　灰色椭圆形顶面

由于背景是白色的，顶面的白色边界看不太清楚，所以回到背景图层，在"渐变编辑器"中，设置湖蓝到灰暗的普蓝渐变（见图2-138），使用径向渐变模式制作一个中心亮、周围暗的渐变色背景（见图2-139），用以衬托白色的边界。

图 2-138 渐变设置　　　　　　　　图 2-139 渐变色背景

（2）制作圆柱体侧面基本上有两种思路。一种是做减法，先做好大体颜色和形状，再减去多余的部分；另一种是做加法，形状相互组合成标准形状，再来制作颜色。这两种思路都比较简单，视个人习惯而定。这里可以先把圆柱体侧面当作一个长方形来制作（见图2-140）。

用线性渐变，也是按照五大调子来做渐变，但是圆柱体的高光并不是最边缘，所以这次的布局是亮部、高光、亮部、明暗交界线、暗部、反光六个色标，如图2-141和图2-142所示。

图 2-140 矩形选区　　　　图 2-141 渐变编辑　　　　图 2-142 渐变铺垫

把顶面图层放在侧面图层的上面，执行"自由变换"命令匹配侧面宽度（见图2-143）。

把顶面图层复制一份，并移到与侧面图层底端对齐的位置（见图2-144）。选出它的选区，并且反向选择。

在反向选区中拿橡皮擦工具把侧面多余的两角擦除（见图2-145），圆柱体底边就修整好了，最后将复制的顶面图层删除（见图2-146）。

基本上顶面图层与侧面图层就可以表现出圆柱体的光影关系，但是为了加强其透视关系，用矩形选框工具选择一部分圆柱体底部的侧面（见图2-147），执行"自由变换"命令并拉伸底部（见图2-148），这样一来，圆柱体顶和底的透视变化就很明显了。

图 2-143　匹配侧面宽度

图 2-144　复制顶面移至底部

图 2-145　反选部分侧面擦除

图 2-146　复制的顶面删除

图 2-147　选择一部分底部的侧面

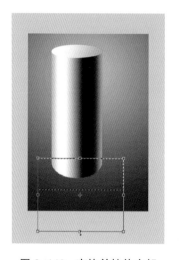

图 2-148　变换并拉伸底部

3. 圆锥体制作

复制一份圆柱体侧面图层，执行"自由变换"—"透视"命令，参照圆柱体的制作方法，即可得到圆锥，详细绘制步骤如图 2-149 至图 2-155 所示。

图 2-149　自由变换侧面

图 2-150　执行"自由变换"—"透视"命令

图 2-151　删除上方多余部分

   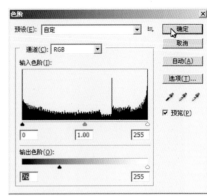

图 2-152　图层命名　　图 2-153　图层面板选项　　图 2-154　圆锥效果　　图 2-155　调整"输出色阶"

之前制作圆球用的是径向渐变，制作圆柱用的是线性渐变。而制作圆锥，一般的思路是考虑使用角度渐变、对称渐变或菱形渐变。但是，执行"自由变换"—"透视"命令来制作圆锥是最为方便的。

4. 正方体制作

（1）新建了一个空白图层，制作一个标准正方形，填充灰色，然后复制两份，这样就有了三个正方形的图层，分别改动色阶，并把它们按照顺序排列好。正方体绘制步骤 1 如图 2-156 所示。

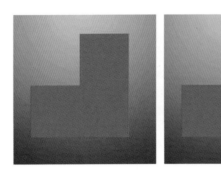

图 2-156　正方体绘制步骤 1

（2）回到左侧面的图层，执行"自由变换"命令（按【Ctrl+T】组合键），按住【Ctrl】键，移动其左边界中点，这样可以随意斜切，移到合适位置以后，再继续按住【Ctrl】键，移动左下角的截点，往内拖动，这样透视关系会更加饱满。右侧面也是一样的变换。正方体绘制步骤 2 如图 2-157 所示。

图 2-157　正方体绘制步骤 2

（3）回到顶面图层，执行"自由变换"命令（按【Ctrl+T】组合键），记住先把中心点移到三面的交汇点，在这种状态下旋转（按照这个中心点的位置旋转），然后按住【Ctrl】键，移动各个顶点到合适的位置。正方体绘制步骤 3 如图 2-158 所示。

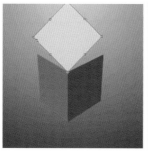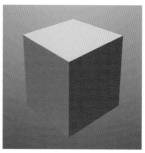

图 2-158　正方体绘制步骤 3

（4）锁定顶面图层的不透明度，再使用线性渐变做光影。其他几个面也是如此，锁定后做渐变。最后正方体每个面单独执行"输出色阶"命令。正方体绘制步骤如图 2-159 所示。

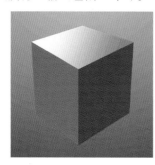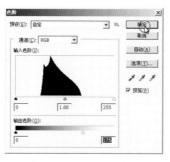

图 2-159　正方体绘制步骤 4

5. 圆环体制作

圆环，简单来说，就是有厚度的一个环状物，需要通过加减同心圆的形状获得。

（1）先做一个标准正圆（见图 2-160）。

（2）复制一份正圆，形成两个图层（见图 2-161）。

（3）把正圆上方的颜色改深，缩小，对齐同心圆（见图 2-162）。

（4）按住【Ctrl】键，单击图层缩览图得到选区（见图 2-163）。

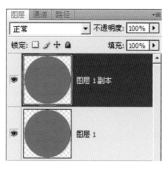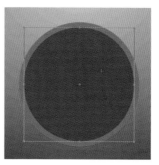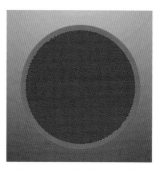

图 2-160　圆环制作步骤 1　　图 2-161　圆环制作步骤 2　　图 2-162　圆环制作步骤 3　　图 2-163　圆环制作步骤 4

（5）删除上方图层，减去下方图层中多余的部分，这样就得到了一个标准圆环图形（见图 2-164）。把这个图层复制一份。

（6）这样上方的就是圆环顶面图层，下方的是圆环侧面图层，移动错开后，锁定图层透明度之后拉渐变做光影关系（见图 2-165）。

（7）上方的图层是上白下灰的颜色渐变，而侧面颜色总体稍暗，两侧颜色稍深（见图 2-166），通过实色到透明的渐变样式来实现。

（8）这样圆环就做好了，在图层的大缩览图中可以看出，两个图层的透明度都锁定了，上图层明亮下图层灰暗（见图 2-167）。

图 2-164 圆环制作步骤 5

图 2-165 圆环制作步骤 6

图 2-166 圆环制作步骤 7

图 2-167 圆环制作步骤 8

最后把物体相互间的位置调整一下，有些图层的上下顺序要调整，在前方的物体图层在上层，被遮住的后方物体，图层就靠近底层。可以执行"自由变换"命令让圆环体倾斜一点，透视关系加强，让其靠在立方体上，并套住圆锥体。最后的摆放位置关系如图 2-168 所示。

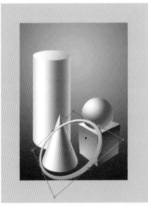
图 2-168 把圆环摆放到合适的位置

这些形状看起来很简单，但是制作的时候如果不考虑到架上绘画的光影关系等基本知识，就会造成光影不对或者透视不对。复杂图形基本上是由这些简单图形组合而成的，把这些几何体分析清楚了，在绘画的时候就会养成随时考虑"形状是怎么组合出来的，在画架上绘画的时候我会怎么做"的习惯。

二、遮挡、倒影与投影

这一节主要讲解制作几何体的倒影，相互间产生的投影，以及圆环"套"在圆锥体上产生的部分遮挡效果。

1. 灰边重量感

整理图层名（见图 2-169），把每个几何体都加一点灰边，这样几何体本身会更加有质感，绘制步骤如下。

（1）选择好圆柱体的选区（见图 2-170）。

（2）执行"编辑"—"描边"命令，"宽度"设置为"3"，"颜色"设置为"黑色"，"描边位置"设置为"内部"（见图 2-171）。

（3）执行"滤镜"—"模糊"—"高斯模糊"命令（见图 2-172），这样描边会稍微模糊。

（4）取消选区，这样圆柱体就多了一些灰边，感觉上就更具有重量感，如图 2-173 所示。

（5）按上述步骤逐步添加圆球体、立方体、圆锥体、圆环的灰边。这样就可以先把所有物体的重量感增加好，如图 2-174 和图 2-175 所示。

图 2-169 整理图层名

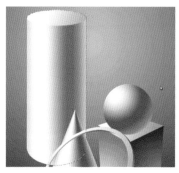
图 2-170 步骤图 1

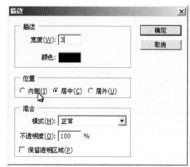
图 2-171 步骤图 2

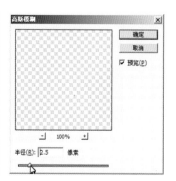
图 2-172 步骤图 3

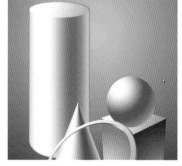
图 2-173 步骤图 4

图 2-174 步骤图 5

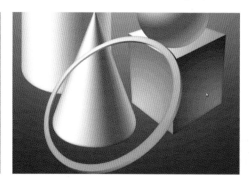
图 2-175 步骤图 6

2. 遮挡

（1）把每个几何体的灰边和相关的物体归纳到单独的图层文件夹中（见图 2-176），开始准备制作圆环和圆锥之间的遮挡。

（2）给圆环做一个"快速蒙版"（图层面板的左下角按钮）效果（见图 2-177），蒙版专门用来做半透明的效果，蒙版中的白色代表无变化，而蒙版中的黑色代表被遮挡住，就相当于遮罩。

（3）按【Ctrl】键，单击圆锥体的图层缩览图（见图 2-178），这样就可以调选出圆锥体的选区，选择它的原因是因为遮挡范围在圆锥体之内。

图 2-176 步骤图 7

图 2-177 步骤图 8

图 2-178 步骤图 9

（4）现在把圆环与圆锥的交叉部分遮挡起来，如图 2-179 所示。

使用画笔将圆环与圆锥的交叉部分涂黑即可做成遮挡效果，如图 2-180 所示。

仔细看图层面板中圆环的"快速蒙版"，其中黑色区域就是刚刚涂的部分，代表遮挡，如图 2-181 所示。这样只是遮挡，而不损伤或者擦除源文件，以后随时可以再次修改源文件，是一种很好的处理办法。

图 2-179　步骤图 10　　　　　图 2-180　步骤图 11　　　　　图 2-181　步骤图 12

3.　倒影

倒影是指物体在镜面上产生的"垂直翻转"的虚化影子，既要垂直翻转，又得有虚有实，绘制步骤如下。

（1）先从圆柱体的倒影着手，把圆柱体侧面图层复制一份（见图 2-182），并把它拖到这个图层文件夹的最底层。几何体摆放位置如图 2-183 所示。

（2）圆柱体的倒影不需要垂直翻转，而是需要做虚实感，所以也给圆柱体侧面副本图层做一个"快速蒙版"效果（见图 2-184）。

 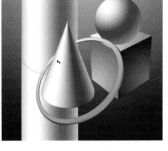 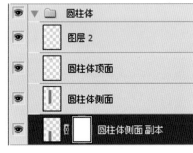

图 2-182　步骤图 13　　　　　图 2-183　步骤图 14　　　　　图 2-184　步骤图 15

（3）倒影应该是接近物体的部分是实在的，远离物体的部分是虚化的，所以在"快速蒙版"中从下往上拉黑色渐变，如图 2-185 所示。

（4）把图层的不透明度调低，在 40% 左右，这样就可以实现半透明的遮挡效果，如图 2-186 所示。

（5）半透明效果就是依靠"快速蒙版"中的黑色渐变完成的，白色无变化、黑色遮挡、灰色是半透明，如图 2-187 所示。

 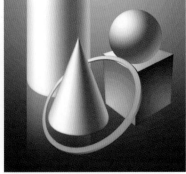 

图 2-185　步骤图 16　　　　　图 2-186　步骤图 17　　　　　图 2-187　步骤图 18

正方体的倒影要特别注意，一定要把两个侧面图层各复制一份，一起垂直翻转。根据图中的位置，再在每个侧面副本中，单独执行"编辑"—"变换"—"斜切"命令，这样位置与顶点才可以完全匹配。

基本上到此，倒影的做法就很明了。先复制物体本身的图层，并垂直翻转，移动到合适的位置做成倒影（形状、透视要匹配，偶尔会用到斜切等变换的子命令），然后添加"快速蒙版"，使用黑色到透明的渐变类型做半透明效果，最后调低图层不透明度即可。正方体倒影绘制步骤如图 2-188 至图 2-190 所示。

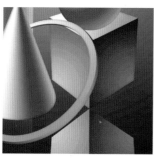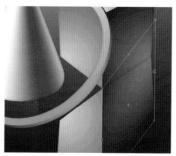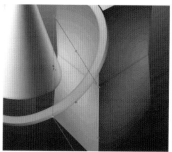

图 2-188　步骤图 19

图 2-189　步骤图 20

图 2-190　步骤图 21

圆环因为是倾斜放置的，倒影稍微会压扁一点，圆环倒影绘制步骤如图 2-191 和图 2-192 所示。

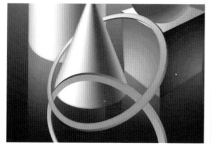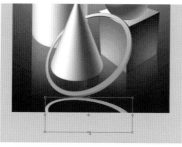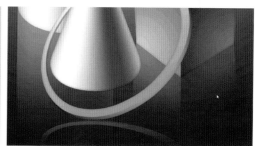

图 2-191　步骤图 22

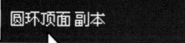

图 2-192　步骤图 23

圆锥的倒影绘制也是一样的，绘制步骤如图 2-193 和图 2-194 所示。就这样把所有几何体的倒影完成，并归纳到各自的图层文件夹中，再来调整倒影相互叠到一起所产生的颜色不均的问题。

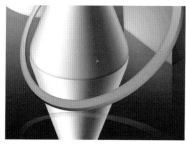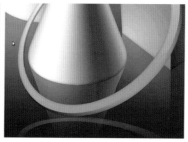

图 2-193　步骤图 24　　　　　　　　　　　　　　　　图 2-194　步骤图 25

4. 倒影的交错

由于圆环、圆锥、圆柱、立方体这四个物体的倒影叠加到一起，以至于部分倒影颜色过实，需要在各立方体的蒙版中利用黑色代表遮挡来解决这个问题。具体绘制步骤如下。

（1）进入圆锥体倒影图层，按【Ctrl】键，单击圆环倒影图层的缩览图，调出其选区，如图 2-195 所示。

（2）回到圆锥体倒影图层的"快速蒙版"中，用黑色涂满选区部分，这样交叉处的灰白色就会被遮挡住了，如图 2-196 所示。

（3）将圆柱与圆锥的交叠部分、圆锥与立方体的交叠部分，都按照上述步骤制作即可，最终清理干净以后，效果如图 2-197 所示。

 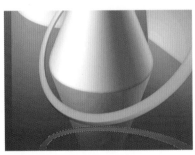 

图 2-195　步骤图 26　　　　　　图 2-196　步骤图 27　　　　　　图 2-197　步骤图 28

5. 投影

投影大多数是有弧度的，首先是圆环在圆锥和立方体上的投影，其次是圆锥在立方体上的投影，最后是圆球在立方体上的投影。所以，先把圆环复制一份，涂黑以后再去利用它来做投影。

（1）将圆环图层复制一份，锁定不透明度后涂黑，然后再解锁不透明度，如图 2-198 所示。

（2）使用自由套索工具选择一部分选区，剪切然后粘贴为一个新图层，执行"自由变换"命令，缩小旋转后放置在合适的位置，如图 2-199 所示。

（3）调低不透明度，添加"快速蒙版"拉渐变，做成半透明的虚实样式，如图 2-200 所示。

（4）再使用自由套索工具选择一部分选区，如图 2-201 所示。注意图层间的顺序，圆环在圆球体与正方体之间，因此将其归纳在"正方体"图层文件夹内，如图 2-202 所示。

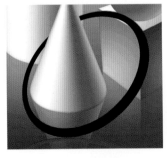  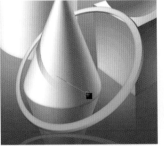 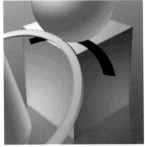

图 2-198　步骤图 29　　　图 2-199　步骤图 30　　　图 2-200　步骤图 31　　　图 2-201　步骤图 32

（5）圆环位置稍远，执行"动感模糊"命令，如图 2-203 所示。

（6）做虚化半透明效果，如图 2-204 所示。

（7）做一小段阴影到立方体的左侧面，然后做虚化半透明效果，执行"动感模糊"命令，如图 2-205 所示。

 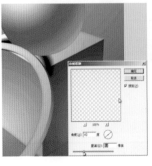  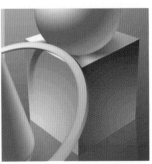

图 2-202　步骤图 33　　　图 2-203　步骤图 34　　　图 2-204　步骤图 35　　　图 2-205　步骤图 36

（8）圆锥在立方体左侧面上的阴影，先复制一份圆锥体，涂黑以后解锁图层不透明度，缩小后移动到合适位置，如图 2-206 所示。

（9）执行"动感模糊"命令，角度要和之前的保持一致，模糊距离的数值离圆锥体数值越近，模糊距离越小，如图 2-207 所示。

（10）再做虚化半透明效果，做好之后反选正方体左侧的选区，把超出的部分删除，如图 2-208 所示。

（11）倒影、投影绘制完成后，整体效果如图 2-209 所示。

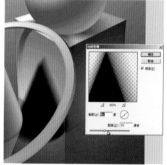

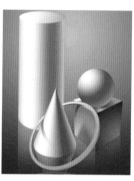

图 2-206　步骤图 37　　　　图 2-207　步骤图 38　　　　图 2-208　步骤图 39　　　　图 2-209　步骤图 40

三、刻痕与后期光效

1. 图层整理

基础几何体的遮挡、倒影与投影整体上是做完了，但是在后期做特效加工的时候，需要把原始图层都备份，图层整理步骤如下。

（1）其他图层都好复制，但是背景图层是锁定的，可以看到在背景图层上有一个小白锁，不能移动和解锁，如图 2-210 所示。

（2）把背景图层复制一份，得到背景副本图层，如图 2-211 所示。

（3）将原来的背景图层拖到垃圾桶里，只剩下背景副本图层，如图 2-212 所示。

图 2-210　图层整理 1　　　　图 2-211　图层整理 2　　　　图 2-212　图层整理 3

（4）在背景副本图层上面新建源文件图层文件夹，如图 2-213 所示。

（5）将所有的文件夹归纳入"源文件"内，如图 2-214 所示。

（6）把整个源文件图层文件夹复制一份，得到源文件副本图层，如图 2-215 所示。

（7）"源文件"文件夹显示隐藏，而在上方的"源文件副本"中，执行"合并组"命令，使其成为单独的图层，如图 2-216 所示。这样就可以用来制作各种光效而不损伤源文件。

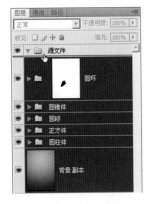
图 2-213 图层整理 4

图 2-214 图层整理 5

图 2-215 图层整理 6

图 2-216 图层整理 7

2. 基本光效制作

基本光效主要做主光源和反光光源。

（1）主光源部分用橘黄或者中黄，主用暖色调，反光光源部分就用紫灰色，形成冷暖对比。如图 2-217 至图 2-219 所示。

（2）执行"高斯模糊"命令后，把图层属性设置为"叠加"模式，这样颜色就可以叠上去了，如图 2-220 和图 2-221 所示。

（3）紫灰色图层属性也设置为"叠加"模式，如图 2-222 所示。

（4）圆环亮面不应该有反光，所以减去，如图 2-223 所示。

（5）最后，把这几个图层合并，如图 2-224 所示。

图 2-217 光效处理 1

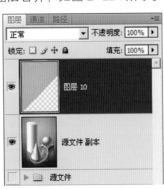
图 2-218 光效处理 2

图 2-219 光效处理 3

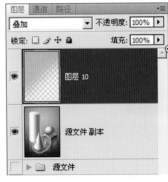
图 2-220 光效处理 4

图 2-221 光效处理 5

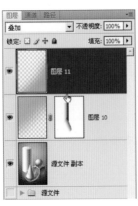
图 2-222 光效处理 6

图 2-223 光效处理 7

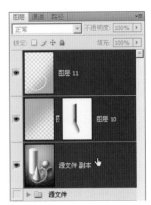
图 2-224 光效处理 8

3. 刻痕制作

（1）用自由套索工具拉一些细长的选区，填充黑色。双击图层，调出"图层样式"面板，选择"斜面和浮雕"，这样就能产生凹槽效果。记住要把"方向"设置为"下"，"深度"加强，使得凹槽效果明显化。绘制步骤如图 2-225 所示。

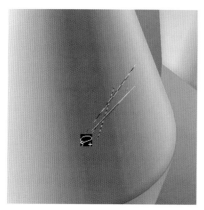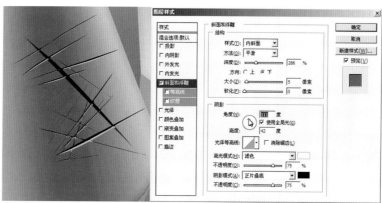

图 2-225　刻痕制作 1

（2）把图层选项中的"填充"设置为"0"，这样黑色就消失了，但是"斜面和浮雕"的效果就保留了。绘制效果如图 2-226 所示。

（3）用橡皮擦工具把边边角角擦除，这样就有虚实感了，绘制效果如图 2-227 所示。基础几何体刻痕制作最终效果如图 2-228 所示。

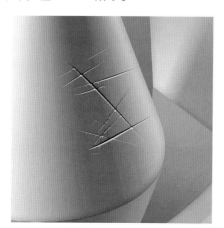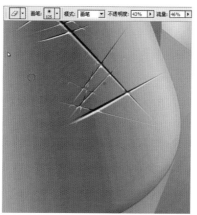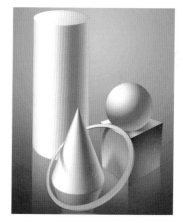

图 2-226　刻痕制作 2　　　　图 2-227　刻痕制作 3　　　　图 2-228　刻痕制作 4

（4）把图层复制一份，调低透明度，执行"滤镜"—"渲染"—"光照效果"—"交叉光"命令，做好以后选择"高斯模糊"，对图层进行模糊处理。光照渲染制作步骤和效果如图 2-229 和图 2-230 所示。

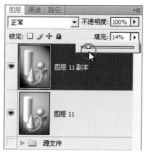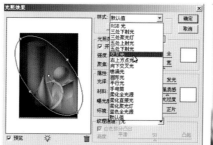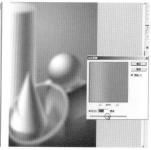

图 2-229　光照渲染 1

　　把模糊过的图层不透明度调低（见图 2-231），拿橡皮擦工具把模糊图层的中间区域擦除（见图 2-232），这样虚实效果也有了，再把这些图层复制几份，图层属性设置为"叠加"模式，调整透明度，调整色相饱和度等，制作步骤如图 2-233 和图 2-234 所示。最终效果如图 2-235 所示。

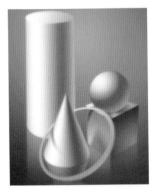

图 2-230　光照渲染 2

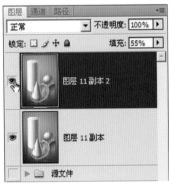

图 2-231　光照渲染 3

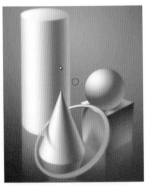

图 2-232　光照渲染 4

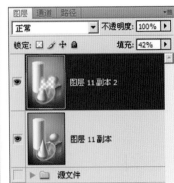

图 2-233　光照渲染 5

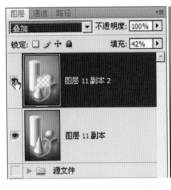

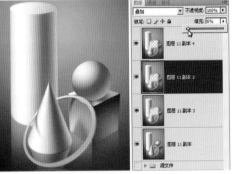

图 2-234　光照渲染 6

图 2-235　光照渲染 7

　　遮挡、倒影与投影整个的制作过程如下。

①利用各种工具制作形状。

②用填充或者渐变制作颜色。

③制作倒影和投影使得物体空间感更加真实。

④使用颜色叠加给物体着色，主光源和背景光颜色要互补。

⑤复制图层一份模糊化，用橡皮擦工具擦出一些虚实关系。

　　这种简单的几何体，可以做成不同的效果，但也必须做到精致和尽量真实，不同光效的效果如图 2-236 所示。

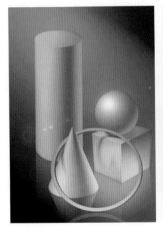

图 2-236　不同光效对比

PS 是最基础的绘图软件，其他软件的主要使用方法和它是类似的，所以一定要先把 PS 基础打好。而 PS 作为 Adobe 公司的主要产品，它的宣传口号是"所见即所得"，实际上用 PS 制作并达到仿真效果并不是什么难事。今后进行 CG 绘画会比这些几何体更加复杂，但是不需要太过于仿真。所以以仿真为目标来练习 PS 基础，然后再转向仿真要求并不高而注重设计和风格的 CG 绘画，自然就会很轻松了。以下是一些 PS 基础仿真练习的稿子（见图 2-237、图 2-238），大家在平时练习的时候，也可以找一些类似于工业造型的机械、塑胶制品来临摹练习仿真度。磨刀不误砍柴工，基础打牢，对以后会有很大的好处。

图 2-237　PS 工业设计练习（手机）

图 2-238　PS 工业设计练习（汽车与硬币）

本小节看似简单，但是主要应用到了下列工具与命令。

工具栏：移动工具、矩形选框、椭圆形选框、套索、多边形套索、橡皮擦、渐变工具（渐变编辑器、实色到透明渐变、径向渐变、线性渐变）。

编辑菜单：自由变换、变换——斜切 / 透视、描边。

图像菜单：调整—色阶。

滤镜菜单：模糊—高斯模糊 / 动感模糊、渲染—光照效果。

图层面板：快速蒙版、图层文件夹、斜面和浮雕、面板选项（调大图层缩览图）、按【Ctrl】键单击图层缩览图获得选区。

第七节　软件基础——工业造型强化练习

一、机身框架

　　"山寨"的国产手机，其在造型方面与原版手机有很多相似之处，但功能方面就没有原版那么丰富了。这一章节我们用一个国产手机作为参照物，来学习手机 PS 工业造型的基本制作流程。规则的形状或者装饰物、配件等在游戏设计等方面会经常被用到，比如，车辆载具、武器道具及人物身上的铠甲、宝石等。所以 PS 工业造型的训练对 CG 绘画来说还是有必要的。

　　首先要说明的是，本书只是引导大家来表现和制作作品，而不是来设计作品。因此在平时的练习中，可以拿一些实物进行参考。如图 2-239 所示这款 CECT 的仿制手机（左图为 CECT 原版手机）。现在就以此为参考范例来讲解其 PS 工业造型的制作过程。

　　使用 PS 来设计如同素描一样的"静物写生"，首先要新建一个 A4 画布，标准如图 2-240 所示，可以在这里更改文件名。

图 2-239　PS 工业造型练习参考对象

图 2-240　新建 A4 画布

　　画布新建以后，使用工具栏中的渐变工具，然后点击屏幕左上方的"渐变编辑器"，如图 2-241 所示。

图 2-241　调整渐变编辑器

　　在"渐变编辑器"中，设置背景色为黑色，前景色为天蓝色，其他选项为默认。这样做并不是直接开始做手机，而是先铺垫一个背景颜色，便于区别手机颜色与背景颜色。如图 2-242 所示。

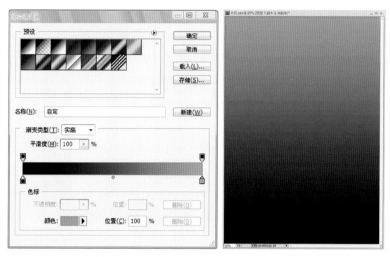

图 2-242　铺垫渐变

现在开始才是正式制作手机。观察一下手机的机身，它的整体外形像一个圆角矩形，但是仔细观察，它的下端还是有点倾斜的，所以还是使用钢笔工具来勾勒它的轮廓。请注意，只需要做一大半就可以（左边形状精确即可），没有必要全部勾得完完整整。完成以后就直接用白色填充路径（路径按钮在路径面板下端，很容易找到），如图 2-243 所示。

然后，我们把制作好的半个手机形状移到画面比较中间一点的位置，再新建一个居于画面正中心的参考线，并且设置好数值。因为 A4 尺寸的宽度是 21cm，所以这里我们就设置为"10.5"（后面的 cm 也可以不加）。如图 2-244 和图 2-245 所示。

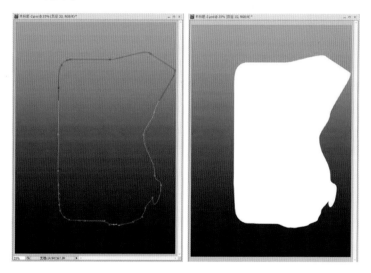

图 2-243　制作半个手机形状

图 2-244　新建参考线

图 2-245　垂直 10.5 cm 参考线

这个时候就可以使用矩形选框工具，把右半边多出来的部分选中（它会自动吸附到参考线的边缘上去），然后执行"删除"命令（键盘上的【Delete】删除键），这样就可以得到完整标准的手机左半边了。

接下来复制这个做好的"左半边"，复制图层也可以，或者使用移动工具并按【Alt】键拖曳这个图形，也可达到复制图层的目的。如图 2-246 所示。

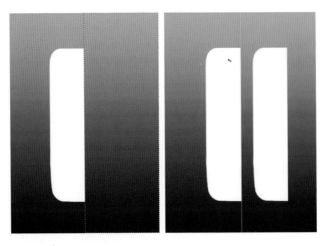

图 2-246　复制并移动半个手机形状

再把复制出来的"左半边"翻转成"右半边"，就可以得到一个完整的手机机身形状了。执行"编辑"—"变换"—"水平翻转"命令，就可以把复制的"左半边"变换成"右半边"了，翻转以后直接拼齐，并合并这两个图层。然后再次使用路径，把中间的黑色区域在这个图层中做出来，这一步就很方便了，路径做好以后用黑色填充路径区域，或者按照上面的"翻转"的办法单独做，然后合并上去。如图 2-247 所示。

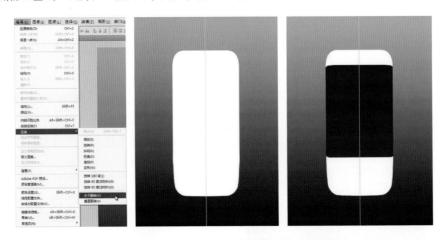

图 2-247　水平翻转并制作手机中部区域颜色

这就到了机身框架制作的最后一步了，双击这个图层，在弹出的"图层样式"面板中选择"斜面和浮雕"，按照图 2-248 中的参数进行设置，就可以做出机身框架的立体效果（见图 2-248）。大家看是不是很容易？

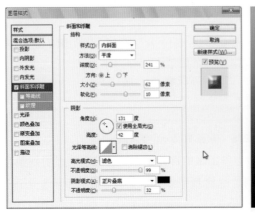

图 2-248　机身框架立体效果

接下来就按照这种"做半个手机形状、复制、水平翻转、合并、图层样式"的办法（图层样式按照图层需求来决定添加或者不添加），再把机身上明显的几大区域做出来。如图 2-249 所示。

内部面板区域　　　　　　　屏幕区域　　　　　面板以及键盘间的缝隙

图 2-249　机身几大区域分布

所有的面板还有键盘本身都是有一定厚度的，所以在边角的地方都有斜面和浮雕的效果，这里我们既然做了一个黑色线条的图层（所有面板和键盘的缝隙），那就直接在这个图层执行"图层样式"—"斜面和浮雕"命令，如图 2-250 所示，这样一来就得到了手机机身整体的立体效果（见图 2-251）。手机键盘处基本效果如图 2-252 所示。

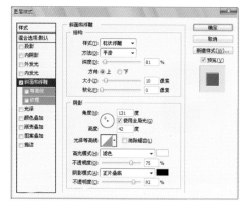

图 2-250　"斜面和浮雕"设置　　**图 2-251　机身基本效果**　　**图 2-252　键盘处基本效果**

整个制作方法并没有想象中那么难，把形状做好，位置摆好，图层顺序理清楚即可。一开始做机身框架的时候，只需要区分好每个区域，这一段步骤的分解如图 2-253 所示。

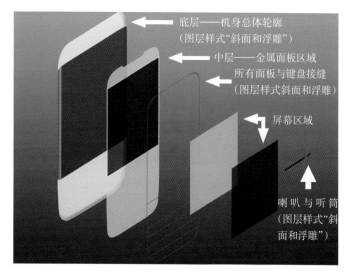

图 2-253　机身制作图层分解示意

二、键盘与文字

步骤 1 直接把键盘上的文字打出来，有些偏旁部首可以把字打大一些，然后"栅格化"文字图层，再截取它的局部即可。文字全部完成以后，推荐全部合并，这样就直接"栅格化"为图像图层了，如图 2-254 所示。

图 2-254 键盘制作步骤 1

步骤 2 设置它的"图层样式"，因为键盘上的数字不是凹下去的就是凸出来的，所以"图层样式"中的"斜面和浮雕"是一定要设置的，如图 2-255 所示。

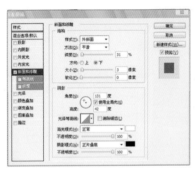 

图 2-255 键盘制作步骤 2

步骤 3 这个时候不要点击"确定"，还需要设置 "内发光"，因为有些手机按键会有发光的效果，只需要区分是"内发光"还是"外发光"，并给予相应的颜色与数值就可以了，如图 2-256 所示。

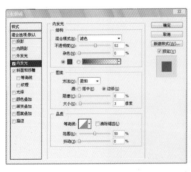 

图 2-256 键盘制作步骤 3

步骤 4 把键盘所有的数字、笔画、图案等做完以后，一起做图层样式效果，有些图案可以在形状工具中找到。

最终的键盘数字效果如图 2-257 所示。

步骤 5 趁热打铁，一口气把机身上有文字的区域全部完成，如图 2-258 所示。

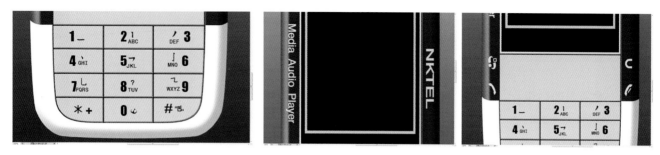

图 2-257 键盘制作步骤 4　　　　　　　　　　　　　　图 2-258 键盘制作步骤 5

步骤 6　　文字区域中，部分形状特殊的图案可以在形状工具的下拉菜单中找到，如图 2-259 所示。

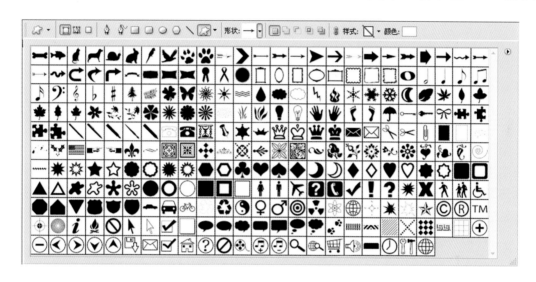

图 2-259 键盘制作步骤 6

步骤 7　　文字效果制作很方便，主要是选择好字体（特别是英文字体）和字号，中文笔画可以通过"打出文字"—"调大字号"—"栅格化文字图层"—"截取笔画"的步骤来制作。图案方面就直接使用形状工具，实在不行就直接用路径勾勒出来再去填色，只要细心就可以做出效果。制作步骤如图 2-260 所示。

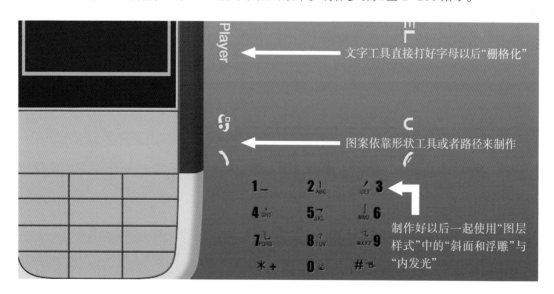

图 2-260 键盘制作步骤 7

三、金属网与中区按键

1. 金属网的制作

（1）喇叭和听筒的区域并不是全黑的，而应该有一层金属网。金属网是不间断地由"铁丝"复制出来的，首先我们得做一根灰色的"铁丝"。为了做出"铁丝"的效果，先做一个斜面和浮雕外加投影的图层样式，然后合并。使用矩形选框工具，只选择中间一个正方形的部分，其余的就可以删除了。金属网制作步骤 1 如图 2-261 所示。

图 2-261　金属网制作步骤 1

（2）快速地复制"铁丝"，推荐使用移动工具，按【Alt】键并拖曳这个小图案，可以直接复制图层，这样我们可以快速地先复制一排，复制完就可以把这些图层合并掉。然后继续向上向下去复制，复制完成后合并。金属网制作步骤 2 如图 2-262 所示。

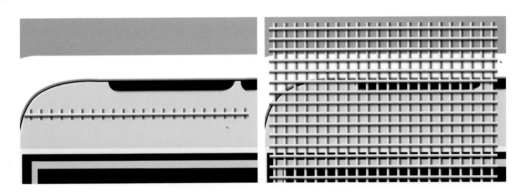

图 2-262　金属网制作步骤 2

（3）整个复制合并过程完成以后先缩小一次，然后再次大面积复制，将其移动到喇叭和听筒的位置上，执行"自由变换"命令，以配合金属网的恰当角度。金属网制作步骤 3 如图 2-263 所示。

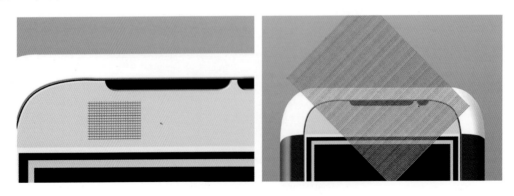

图 2-263　金属网制作步骤 3

（4）按【Ctrl】键并单击之前的喇叭与听筒的图层缩览图，这样就可以调出相应的选区。金属网制作步骤 4 如图 2-264 所示。

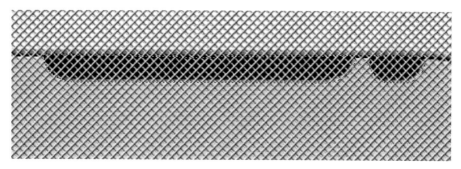

图 2-264　金属网制作步骤 4

（5）按【Ctrl】键反选并去掉多余的金属网部分，内发光效果前后对比如图 2-265 所示。由于边缘不应该是这么亮的，所以打开"图层样式"面板，并设置"内发光"的参数（见图 2-266）。

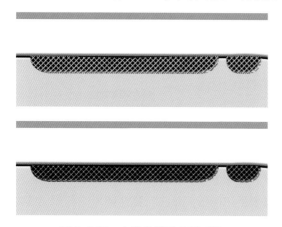

图 2-265　内发光效果前后对比

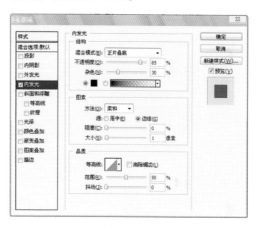

图 2-266　内发光效果参数设置

2. 中区按键制作

（1）先做中区的通话键。使用圆角矩形工具制作出通话键，然后打开"图层样式"面板，设置"斜面和浮雕"的参数，注意"样式"设置为"内斜面"。按键制作步骤 1 如图 2-267 所示。

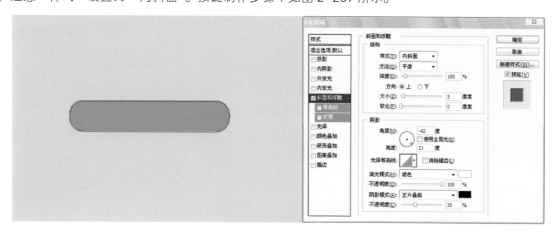

图 2-267　按键制作步骤 1

（2）新建一个空白图层，将其和有斜面和浮雕效果的图层合并，这样就相当于把图层样式给"栅格化"了。然后，再次打开"图层样式"面板，不过这次就要将"样式"设置为"外斜面"了。按键制作步骤 2 如图 2-268 所示。

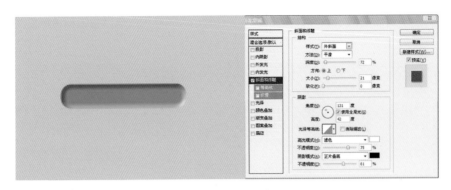

图 2-268　按键制作步骤 2

（3）中区的通话、结束通话、确定、取消等按键就按上述方法制作，都需要做两次图层样式效果。最终效果如图 2-269 所示。

图 2-269　按键制作步骤 3

（4）接下来做中区按键最精彩的部分，做中间的确定键和控制上、下、左、右的"小摇杆"。首先按照原图照片，中间有道横杠杠，把它先做出来，"斜面和浮雕"还是要用，但是"方向"要设置为"下"，也就是从下往上打光，做成"凹下去"的效果。最终效果如图 2-270 所示。

图 2-270　按键制作步骤 4

（5）再来做中间按键与旁边中区的间隙，使用"枕状浮雕"就可以达到这样的效果，中间黑色的缝隙和缝隙周围部分都有受光和背光阴影的效果，如图 2-271 所示。

图 2-271　按键制作步骤 5

（6）补充好中间的按钮底座，简单做一个斜面和浮雕效果，参数设置如图 2-272 所示。

（7）接下来做中间"凹"下去的部分，这一块区域比较麻烦，可以拆分的部分很多，需要看得比较仔细，然后多做几层，这样效果会真实一些。"方向"的上下设置，是根据 "凹" 和 "凸" 的效果来确定的，可以多调试几次。"投影"和"斜面和浮雕"的参数设置如图 2-273 所示。

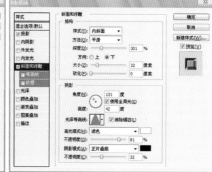

图 2-272　按键制作步骤 6　　　　　　　　　　　　　　图 2-273　按键制作步骤 7

这里有一个小技巧，"光泽等高线"可以使普通的斜面和浮雕效果变得有金属质感，如图 2-274 所示。

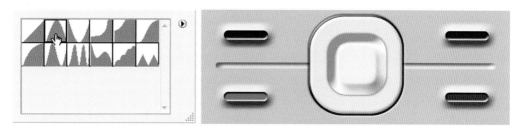

图 2-274　"光泽等高线"与金属质感

（8）现在就需要不断地控制凹凸效果，区分外斜面内斜面，调整光线方向、光泽等高线等。中心按键分解如图 2-275 所示，"斜面和浮雕"参数设置如图 2-276 所示。

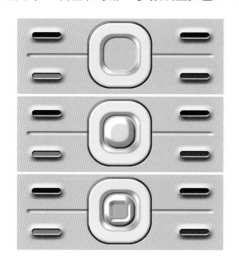
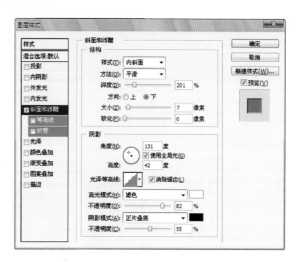

图 2-275　中心按键分解　　　　　　　　　　图 2-276　"斜面和浮雕"参数设置

做金属按键的诀窍就在于拆分。有的效果可以通过斜面和浮雕、光泽等高线、光泽、内发光等图层样式调制出来，但是有的时候需要做两次图层样式才能达到效果。按键制作步骤拆分如图 2-277 所示。

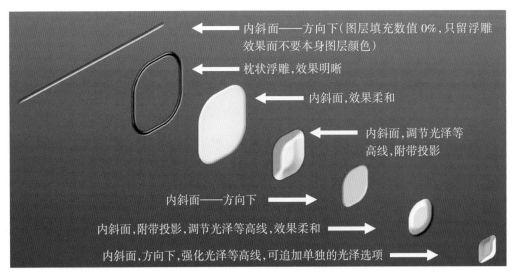

内斜面——方向下(图层填充数值0%,只留浮雕效果而不要本身图层颜色)

枕状浮雕,效果明晰

内斜面,效果柔和

内斜面,调节光泽等高线,附带投影

内斜面——方向下

内斜面,附带投影,调节光泽等高线,效果柔和

内斜面,方向下,强化光泽等高线,可追加单独的光泽选项

图 2-277　按键制作步骤拆分示意图

四、整体光线效果

(1) 首先来强化一下键盘上的光影效果,用路径或者多边形套索工具制作出阴影部分的区域,并填充黑色,图层混合模式为"正片叠底","不透明度"为"29%";其整体光效如图 2-278 所示。

用同样的方法制作高光区域,做一小片白色,然后不断地复制并移动到合适的位置,图层混合模式为"叠加","不透明度"为"76%"。

图 2-278　整体光效 1

完成上述步骤后,键盘上的整体光效如图 2-279 所示。

(2) 把机身框架选区调选出来,从右往左依次做渐变加上黑色的阴影效果和蓝灰色的反光效果。完成后整体光效如图 2-280 所示。

  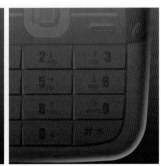

图 2-279　整体光效 2　　　　　　　　　　图 2-280　整体光效 3

（3）分别加上黑色到透明的阴影渐变效果，白色到黑色的阴影渐变效果，完成后整体光效如图 2-281 所示。

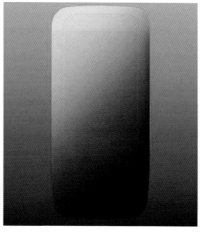

图 2-281　整体光效 4

（4）调出中间屏幕的选区，在选区内用路径做出光效形状，并用白色到透明的渐变来表现。完成后整体光效和"渐变编辑器"参数设置如图 2-282 所示。

图 2-282　整体光效 5

基本上到这里就可以算是完成了，每个图层的分解数值如图 2-283 所示。

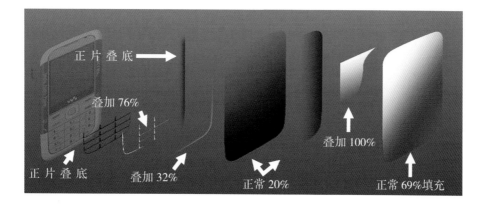

图 2-283　图层分解数值图

　　手机最终的整体效果如图 2-284 所示，到这里我们就可以使用这个手机的原件去合成各式各样的广告招贴。此时此刻，大家是不是也想拿起手边的手机，按上述方法来练习一次呢？手机原图与合成海报如图 2-285 所示。别看这只是工业造型的小教程，但对于 CG 绘画来说还是比较基础的，所以要从简单的开始练习。

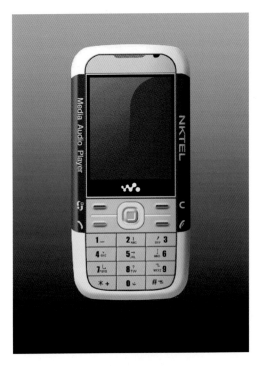

图 2-284　整体效果

图 2-285　原图与合成海报

第三章

线稿上色制作法

XIANGAO SHANGSE ZHIZUOFA

第一节　图层路径制作画法

一、路径制作线稿

（1）线稿是需要提前准备的，可以用铅笔画线稿然后扫描，也可以直接用数位板起稿。先用木头人圆圈画法，把骨架比例大致画起来，然后再新建一个空白图层，画稍微细致一点的稿子。草稿绘制步骤如图 3-1 所示。

画好以后，调整每个图层的不透明度，透明度为 20%～30%，看得见形状就可以了，完成效果如图 3-1（c）所示。

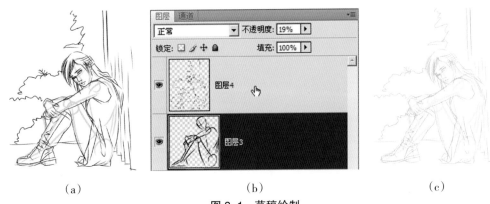

　　　（a）　　　　　　　　　　　　　　（b）　　　　　　　　　　　　　（c）

图 3-1　草稿绘制

（2）面部的线条比较细致，用手写板可以直接绘制，如果数位板已经掌握得比较熟练，那就可以直接画。但是用数位板时，长线条的控制会比较弱。所以碰到长且流畅光滑的线条时，可以使用路径来绘制线条。我们可以使用钢笔工具把脸部轮廓勾勒出来，注意曲线的控制。画笔沿路径描边如图 3-2 和图 3-3 所示。

图 3-2　路径准备好以后，配合画笔描边路径

图 3-3　画笔沿路径描边

描线的画笔一般选择"尖角"画笔，实心的比较好。然后回到路径面板，一般没有保存的路径显示为"工作路径"，然后点击路径面板下缘第二个按钮，这样就可以使用当前工具沿路径描边。

（3）关于路径的使用方法，这里再详细说明一下。

以下是钢笔工具在描边时的常规选项，依次是"路径""钢笔工具"勾选"自动添加/删除""添加到路径区域（+）"（见图3-4）。

拉出路径以后，只要有弧度会产生左右两个平衡轴，如图3-5所示。按【Alt】键，点击中间的截点，就会减去右边的平衡轴，如图3-6所示。

图 3-4　描边步骤 1　　　　　　　图 3-5　描边步骤 2　　　　　　　图 3-6　描边步骤 3

这样就可以再接着往任何方向去勾路径了，如图3-7所示。按住【Ctrl】键，单击空白的地方，就可以再次勾路径了，如图3-8所示。点击路径面板中的"路径描边"就可以描出来，如图3-9所示。

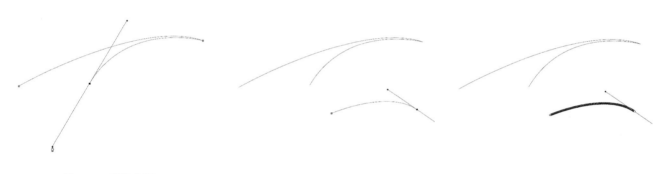

图 3-7　描边步骤 4　　　　　　　图 3-8　描边步骤 5　　　　　　　图 3-9　描边步骤 6

可是这样描边的只是后面那根显示了平衡轴的"子路径"，并不是全部的路径。点击路径面板的空白处，路径就隐藏起来了，再点击"工作路径"就相当于激活了画面中全部的路径，如图3-10和图3-11所示。此时再去描边，就是将画面中所有的路径一起描边，就不会有遗漏了。当然，这种方法也可以用来描边某条"子路径"，只需要按住【Ctrl】键，单击某条子路径再进行描边即可，如图3-12和图3-13所示。

图 3-10　描边步骤 7

图 3-11　描边步骤 8　　　　　　　图 3-12　描边步骤 9　　　　　　　图 3-13　描边步骤 10

（4）之前做了一次描边，继续这条路径，单击鼠标右键勾选"描边路径"（见图 3-14），在"描边路径"的选项中勾选"模拟压力"（见图 3-15），这样就可以描出来两边细中间粗的线条，如图 3-16 所示。

图 3-14　模拟压力 1　　　　　图 3-15　模拟压力 2　　　　　图 3-16　模拟压力 3

（5）利用路径和画笔可以很仔细地把线条给描出来，线稿基本效果如图 3-17 所示。这里有几点注意事项。

① 有些地方需要用橡皮擦工具来"削尖"，如发梢部分。

② 有些地方用"模拟压力"，如衣褶的部分，有些地方是普通无变化线条，如线条交接处。

③ 无变化线条一般设置为"3 像素"，有变化线条设置为"5 像素"，不要差别太大，以免看着别扭。

④ 部分地方用"使用前景色填充路径"，形成大面积黑色，如下巴的阴影处和胳肢窝。

⑤ 路径面板中的第二个按钮"用当前工具描边路径"，直接使用的时候会沿用上次的设置。

图 3-17　线稿基本效果

二、面部的精细制作

（1）这幅图的面部是倾斜的，制作的时候稍微有点不方便，所以使用旋转视图工具旋转画面。

用画笔画好眉毛眼睛做参考。旋转视图工具需要在开启"Open GL"的情况下才可以使用。把面部旋转正，使用魔棒工具选择面部区域，因为直接选择面部区域会使面部的边缘区域选择不精确，所以需要执行"选择"—"修改"—"扩展"命令。面部制作步骤如图 3-18 所示。

图 3-18　面部制作步骤图 1

"扩展量"设置为"2像素",这样就基本上选择好了。在"拾色器"中选择好皮肤的固有色(底色),完成后还有些小间隙,用路径或者套索勾好填色。面部制作步骤 2 如图 3-19 所示。

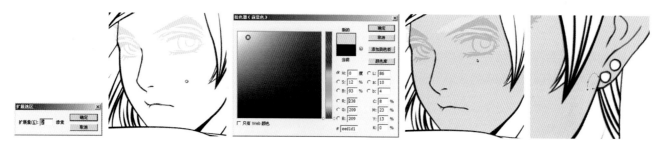

图3-19　面部制作步骤图2

(2)固有色做好以后,就可以开始制作阴影,当然这两个图层是分开的,便于后期修改。

脸部大阴影是个弧形区域,然后按照光线方向做"动感模糊"效果。把鼻子和嘴唇部分也填好色,下嘴唇部分添加图层蒙版,拉好渐变以后下嘴唇就虚化了。面部制作步骤 3 如图 3-20 所示。

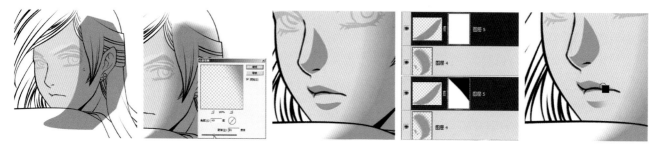

图 3-20　面部制作步骤图 3

(3)眼睛和眉毛需要新建一个图层来单独制作,利用"路径描边"或"填充路径"这两个路径面板中的按钮配合路径一起完成。

眉毛填充,眼睫毛描边,眼白区域填充灰蓝色,用椭圆形选框工具做眼珠颜色,从上往下用深色做渐变,完成后变换选区并缩小。面部制作步骤 4 如图 3-21 所示。

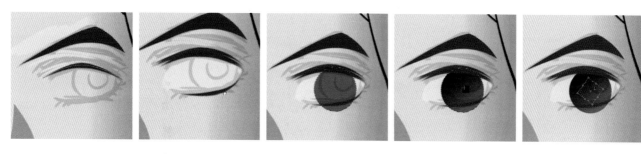

图 3-21　面部制作步骤图 4

（4）瞳孔的制作要利用之前的选区，所以这个时候选区不要取消掉。

眼睛瞳孔的颜色，不需要过黑，颜色较深但不是全黑即可，这样显得通透。瞳孔和周围虹膜，做一个黑色的描边用以区分。用路径勾勒出眼珠右下角比较亮一些的区域，用亮一点的蓝色作为前景色来填充路径，当然后期还会做透明效果。面部制作步骤 5 如图 3-22 所示。

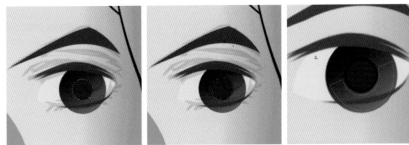

图 3-22　面部制作步骤图 5

添加蒙版配合渐变，蓝色区域就会很柔和地进行过渡，再在内部找一条路径，用"喷枪硬边圆 9"画笔描边，就可以出现右眼两端虚中间实的效果。面部制作步骤 6 如图 3-23 所示。

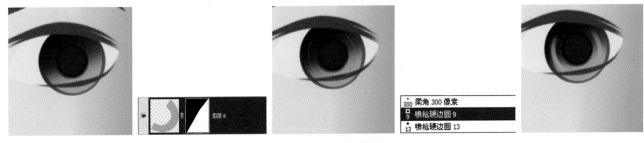

图 3-23　面部制作步骤图 6

把这个描边的图层设置为"叠加"模式，这样眼睛就会鲜亮起来。沿用这个路径，使用尖角"3 像素"画笔配合白色描边。整个上眼皮应该在眼球上产生一定的阴影效果，所以做个灰蓝色的图层。因为要对整体产生颜色加深的效果，所以把图层设置为"正片叠底"模式。面部制作步骤 7 如图 3-24 所示。

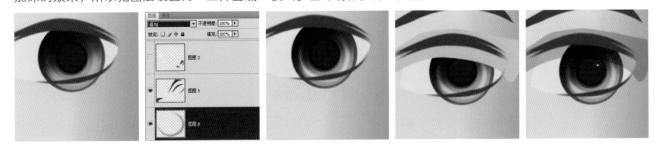

图 3-24　面部制作步骤图 7

使用模糊工具让边缘柔和化，点击鼠标右键选择眼白区域并删除多余的部分，做出眼珠上白色的高光区域。同样使用蒙版配合渐变，制作出左边实在右边透明的感觉，这样就有眼珠水汪汪的感觉。面部制作步骤 8 如图 3-25 所示。

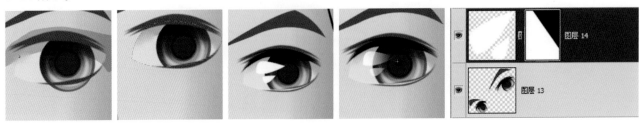

图 3-25　面部制作步骤图 8

　　左边眼睛的制作方法也是差不多的，如果透视角度不大，复制一份"右眼"并水平翻转过去再调整也是可以的。加工眉弓的阴影区域，注意虚化，再加工眼袋和右边的眉骨的阴影，加眼睛的白色高光点，并调整成"叠加"模式。面部制作步骤9如图3-26所示。

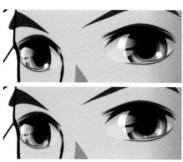

图3-26　面部制作步骤图9

　　（5）整体利用固有色的图层，执行"选择"—"反选"命令，把多余的部分减去，再来进行整体调整。制作步骤如图3-27所示。

图3-27　面部制作步骤图10

　　耳朵的部分，不应该全部是阴影，所以将该亮的区域勾出来，按【Ctrl+Enter】组合键转换为选区，回到阴影图层中减去即可露出皮肤的固有色。制作步骤如图3-28所示。

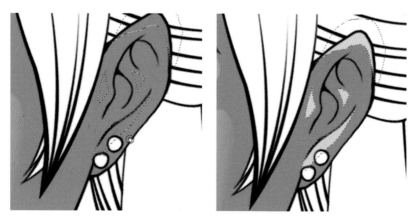

图3-28　面部制作步骤图11

　　（6）剩下的就是制作面部的高光点还有反光部分。

　　面部主要是脸颊上的高光点，用套索工具来制作并复制一份，底层模糊，上面复制的那一层调成"叠加"模式，鼻子和脸颊上一样也得有高光。制作步骤如图3-29所示。

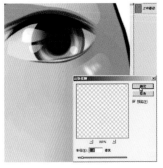

图 3-29　面部制作步骤图 12

　　嘴唇也用套索工具添加好高光，嘴唇边缘用模糊工具虚化，反光部分用紫灰色配合"动感模糊"，多余的部分删除掉，最后添加一点明显的反光。制作步骤如图 3-30 所示。

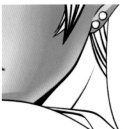

图 3-30　面部制作步骤图 13

　　(7) 最后将嘴唇图层和其他图层管理好。把所有的图层将该合并的合并、该命名的命名。嘴唇做一层大红色，设置为"叠加"模式并染色，"填充"数值设置为"49%"。制作步骤如图 3-31 所示。

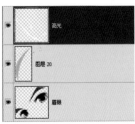

图 3-31　面部制作步骤图 14

　　下嘴唇特别加一层深色，边缘模糊并虚化，制作一层白色叠加高光，鼻子阴影也适当虚化。制作步骤如图 3-32 所示。

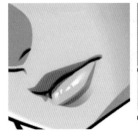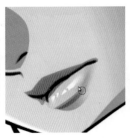

图 3-32　面部制作步骤图 15

　　把所有的关于面部的图层收到面部图层文件夹中（见图 3-33），面部就算基本完工了，后期再进行修改。

图 3-33　面部制作步骤图 16

三、胳膊与腿部皮肤

（1）其他部分的皮肤制作方法和面部制作方法基本上是一样的，依次制作固有色、阴影、亮面、高光、反光等。平铺好皮肤颜色，用吸管工具吸取脸部肤色，再做一层阴影颜色，在阴影图层执行"动感模糊"命令，并根据光线角度来进行参数设置。制作步骤如图3-34所示。

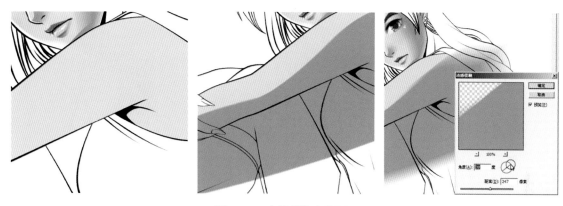

图 3-34 皮肤制作步骤图 1

按【Ctrl】键并单击固有色图层，调出选区并执行"选择"—"反选"命令，删除阴影图层多余的部分，使用模糊工具把肩膀上的阴影柔化。制作步骤如图3-35所示。

图 3-35 皮肤制作步骤图 2

反光和高光面积比较大，注意肩膀上大面积的紫灰色反光，执行"动感模糊"命令。透明度调低，再新建一个图层做一些实在的反光，胳肢窝和衣服在肩膀上造成的投影需要加强。制作步骤如图3-36所示。

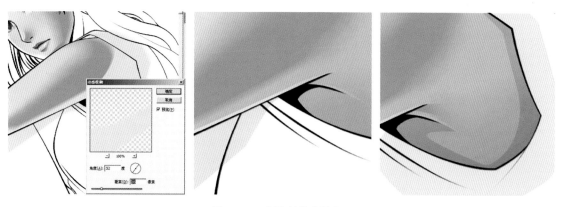

图 3-36 皮肤制作步骤图 3

　　高光区域直接勾好填色，然后调低透明度，执行"高斯模糊"命令，让其虚化，再把左上方的手臂边缘用白色做高光效果。制作步骤如图 3-37 所示。

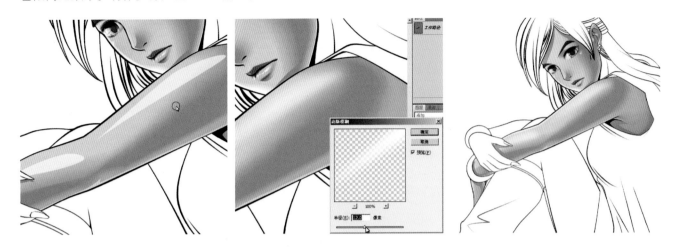

图 3-37　皮肤制作步骤图 4

　　(2) 手掌部分需要精细制作，阴影形状按照光影角度做好，一定要注意光影区域和边缘形状。食指抬起来的部分高一些，所以亮部比较多，小指部分基本上就都留在阴影里，做好以后执行"动感模糊"命令。手背上的骨节要单独做一些白色高光，然后执行"高斯模糊"命令。在手掌的固有色选区执行"选择"—"反选"命令，把阴影和高光白色超出边界的地方删除。制作步骤如图 3-38 所示。

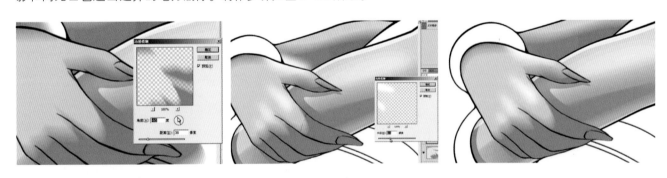

图 3-38　皮肤制作步骤图 5

　　将反光部分分为两个层次，这样颜色丰富一些，用套索工具选出手背上的高光区域，用白色拉渐变，然后执行"动感模糊"命令。制作步骤如图 3-39 所示。

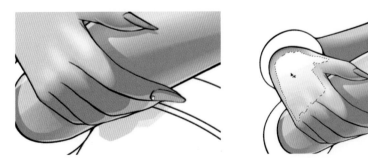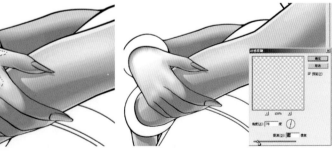

图 3-39　皮肤制作步骤图 6

　　基本颜色完成之后，就来加工两手之间的阴影，把多余的阴影部分删掉，添加蒙版，两端虚化，基本完成了手部的精细制作。制作步骤如图 3-40 所示。

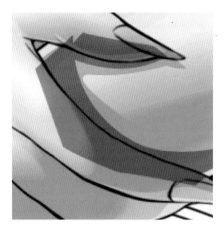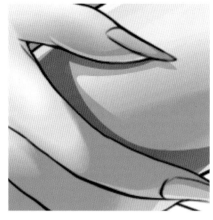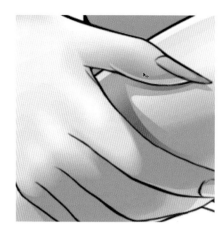

图 3-40 皮肤制作步骤图 7

（3）进行腿部的制作，腿部面积比其他部分的皮肤面积大一些，所以虚化过渡的程度也深一些。按照大腿的位置和角度，两边亮中间深，执行"动感模糊"命令，将衣服和手部在腿上产生的投影进行实化表达，然后是大面积的反光，一样做虚化效果。制作步骤如图 3-41 所示。

图 3-41 皮肤制作步骤图 8

虚化的反光部分，再加一条实色的稍亮的反光紫灰色，腿部左下方的区域空隙比较大，用白色高光表达，制作步骤和最终皮肤效果如图 3-42 所示。

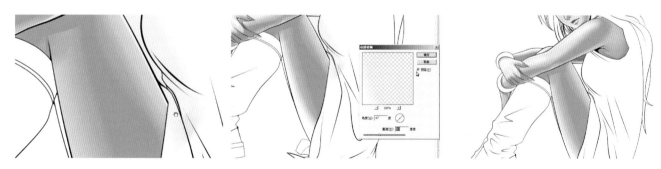

图 3-42 皮肤制作步骤图 9

四、头发、衣服和皮靴质感

（1）头发与皮肤不一样，细腻的高光比较多，因为头发是分成一缕一缕的，但颜色分层与皮肤是一样的。头发的底色要灰一些，不要太鲜艳，用底色再做一层阴影，调成"正片叠底"模式。执行"动感模糊"命令，顺着头型模糊，具象地将实色阴影补充好。制作步骤如图 3-43 所示。

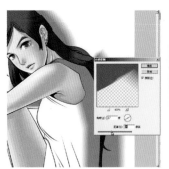

图 3-43　头发质感制作步骤 1

　　发梢的地方注意要有出锋入锋的形状，做好整个阴影层后，亮色区域用尖角画笔模拟压力描边，但要记住亮色图层要调整成"叠加"模式。制作步骤如图 3-44 所示。

图 3-44　头发质感制作步骤 2

　　再来做整体高光，区域勾勒成弧形，填充白色。执行"动感模糊"命令后设置图层为"叠加"模式，重复添加几层，这样颜色会鲜艳很多。制作步骤如图 3-45 所示。

图 3-45　头发质感制作步骤 3

　　最后加上紫灰色的反光部分，做好形状后，调低图层透明度，这样看起来会显得自然。制作效果如图 3-46 所示。补充整理好头发各个部分的反光和阴影，头发质感最终效果如图 3-47 所示。

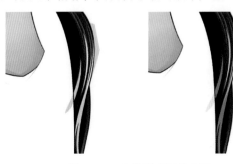

图 3-46　头发质感制作步骤 4

图 3-47　头发质感最终效果

（2）衣服的质感和头发、皮肤的质感有些不同，稍微整洁但是高光、反光不太强烈。首先区分开固有色和阴影两个图层，在阴影图层执行"动感模糊"命令，再加深一层阴影，用来表达衣物的褶皱感。制作步骤如图 3-48 所示。

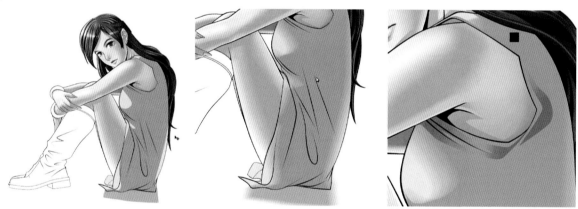

图 3-48　衣服质感制作步骤 1

每个图层单独做蒙版虚化效果，也可以在整体的蒙版里用套索工具选定区域以后再做局部渐变虚化。制作步骤如图 3-49 所示。

整体加深阴影效果后，亮面用白色并执行"动感模糊"命令，图层设置为"叠加"模式。制作步骤如图 3-49 所示。

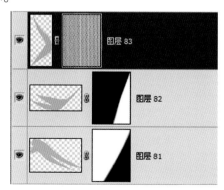

图 3-49　衣服质感制作步骤 2

　　亮面和小亮片的有些地方要用模糊工具稍微虚化，整体再加一个深色图层，模糊好以后图层设置为"正片叠底"模式，上部做虚化。制作步骤如图 3-50 所示。

图 3-50　衣服质感制作步骤 3

　　(3) 靴子的质感和其他部分相比较油亮，所以阴影和高光部分的层次要较多一些。

　　照例先做固有色和阴影效果，执行"动感模糊"命令。虚化阴影完成之后，沿着靴子的皱褶部分制作实化阴影，制作步骤如图 3-51 所示。阴影完成后靴子的质感效果如图 3-52 所示。

图 3-51　靴子质感制作步骤 1　　　　　　　　　　　　　　图 3-52　完成阴影后靴子
　　　　　　　　　　　　　　　　　　　　　　　　　　　　　的质感效果

　　部分阴影区域内要"留"出一些固有色，反光还是用紫灰色，这样在整体上统一，虚化反光图层，执行"动感模糊"命令，小片小片地制作，并叠加亮光图层，制作步骤如图 3-53 所示。

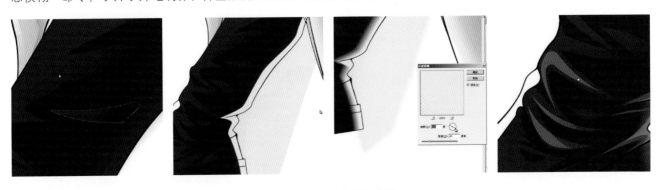

图 3-53　靴子质感制作步骤 2

　　将亮光图层靠近阴影的一端模糊虚化，反光、阴影、高光搭配好效果就出来了，为了表现靴子油亮的质感，可再加一层亮光，靠左的边缘用淡黄色做环境高光。制作步骤如图 3-54 所示。

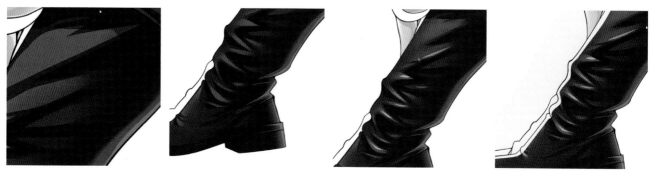

图 3-54　靴子质感制作步骤 3

　　将图层设置成"叠加"模式后，靴子边缘仿佛有光照感，再用白色叠加一层细边，光感会更加明显，鞋头用白色图层执行"高斯模糊"命令后，将图层属性再次改成"叠加"模式，光效就更亮了。制作步骤如图 3-55 所示。

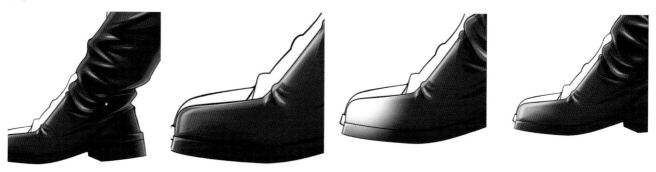

图 3-55　靴子质感制作步骤 4

　　在鞋头点上纯白的高光点，在鞋跟处用渐变拉出小范围亮光，整个油亮的靴子就完成了。制作步骤如图 3-56 所示。

图 3-56　靴子质感制作步骤 5

五、最终修改与调整

　　（1）主体部分完成之后，对细节上有问题的地方都要调整。如头发部分看着有点小别扭，可以把图像旋转过去，然后调低透明度，新建一个空白图层，画头发修改后的形状草图。修改调整如图 3-57 所示。
　　（2）按照之前上色的做法把头发做好，在细节上加点发丝和光泽，调整好头发的大小和位置。修改调整如图 3-58 所示。

图 3-57　修改调整步骤 1

图 3-58　修改调整步骤 2

（3）把之前准备好的墙面和地板砖的图层拿出来，墙面和地板砖主要用变形中的透视和斜切来完成，远端的部分稍微模糊。

然后添加角色在地板墙面上的阴影，注意虚实的变化，阴影离角色近则实、离角色远则虚。修改调整如图 3-59 所示。

图 3-59　修改调整步骤 3

最后挑选一张合适的图片，全选复制后用来做背景（见图 3-60）。将其自由变换，调整到合适的位置（见图 3-61）。

图 3-60　修改调整步骤 4　　　　　　　　　图 3-61　修改调整步骤 5

（4）画一些圆圈，执行"高斯模糊"命令后可以设置成"变亮"或"叠加"等模式，以增添画面的朦胧感（见图3-62至图3-64）。

图3-62　修改调整步骤6

图3-63　修改调整步骤7

图3-64　修改调整步骤8

（5）在所有图层的最上方新建一个蓝色图层，执行"高斯模糊"命令，设置为"变量"模式，这样就和图片左边的蓝色形成呼应（见图3-65）。

图 3-65　修改调整步骤 9

最后，在画面的左下角制作文字标题，整个修改调整过程就完成了。最终效果如图3-66和图3-67所示。

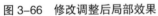

图 3-66　修改调整后局部效果

图 3-67　修改调整后整体效果

这种制作画法应注意的两点：

①固有色图层一定要制作精细，形状明确。然后依次制作虚化阴影、实色阴影、亮色、高光，最后用固有色图层选区反选减去多余的部分，高光一般采用"叠加"模式；

②光线一般来说采用"叠加"模式，染色一般采用"变亮"模式。

六、图层路径制作画法的简略流程

1. 线稿

草稿——路径描线（无压感普通线条 + 模拟压力线条）（见图 3-68）。

图 3-68　流程步骤图 1

2. 主体上色

任何部分的上色，基本按照以下步骤进行（见图 3-69）。

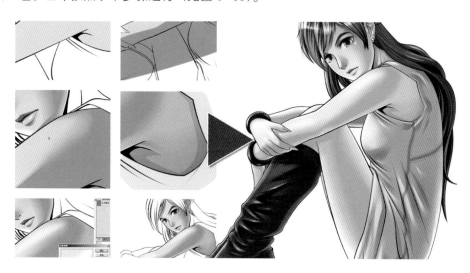

图 3-69　流程步骤图 2

（1）固有色；

（2）阴影（动感模糊虚色与路径填充实色阴影）；

（3）反光（动感模糊 + 图层蒙版）；

（4）高光（模糊或者动感模糊 + 图层蒙版）。

3. 背景制作

执行"自由变换""透视"等命令让背景比较靠前的"前景"符合画面的透视纵深关系，可以使远景的图片模糊，或者简单用滤镜处理（见图 3-70）。

图 3-70　流程步骤图 3

4. 合成与修改

角色置入场景后，需要强调角色与场景间的光影关系，最后用各种滤镜效果或者滤色图层，使环境光或者补色光影响到角色与场景（见图 3-71）。在图层过多的情况下，不要去找原始图层来进行修改，新建图层放在角色图层组的总上方，再去处理即可。

图 3-71　流程步骤图 4

第二节　路径画笔组合画法
- -

一、姿势草图的准备

（1）路径画笔组合制作的方法有以下几个主要特征。

①先用画笔进行简单绘制，再配合路径收形。

②直接用画笔绘制部分线条，线条不是很多，线条颜色不是纯粹的黑色。

③部分区域无线条，但可以使用路径制作选区，配合喷枪笔刷绘制线条。

④小部分装饰物，直接使用路径或者形状工具来"制作"而不是绘画，搭配使用图层选项中的各种质感光效。

⑤把角色的每个部分单独用一个图层绘画并保存。

其弊端在于，不像大师级的概念画法那么整体自由奔放，但是对于初学者来说有很大的好处，可以精细地画每一部分，可以随时调整修改。这一节笔者会用实例来介绍这种画法的绘画步骤和注意事项。本节的实例是以一个蜜蜂为母体，将其拟人化，首先要做好相应的准备工作。

新建"国际标准纸张"（见图 3-72），纸张建立好以后，把"颜色模式"改为"RGB 颜色"（见图 3-73），再新建一个空白图层（见图 3-74），准备画草图。

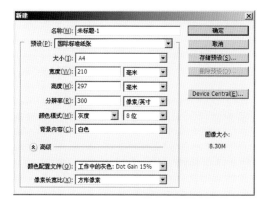

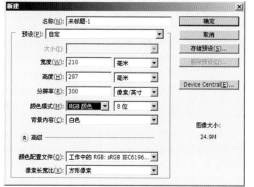

图 3-72　新建"国际标准纸张"　　　　图 3-73　把"颜色模式"改成"RGB 颜色"　　　　图 3-74　新建图层

这种画法，建立的图层是很多的。基本上皮肤部分有几个图层，衣服部分有几个图层，饰物部分也有几个图层。虽然比较麻烦，但是便于后期的调整与修改。

（2）画布图层准备好以后，再来准备笔刷。因为 CG 绘画中用得最多的是各种笔刷，所以一定要按照自己的使用习惯来准备，这样使用起来才会省时间并且方便。

如图 3-75 所示，笔刷本身的样式并不多，对于 CG 绘画来说是不够的，一般我们会在互联网上下载一些笔刷，然后载入笔刷面板中，在绘画时一起选择使用。

图 3-75　载入画笔

载入新笔刷后，笔刷面板中可供选择的样式增多了不少。为了选择方便或者更直观化，可以使用"纯文本"或"小列表"的形式来展示这些笔刷样式（见图 3-76），便于在画画的时候选用。

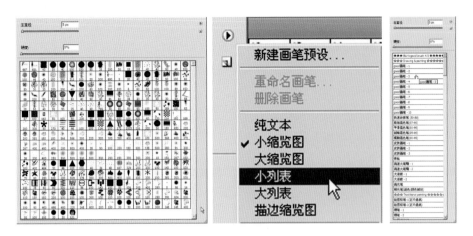

图 3-76　显示为小列表

（3）草图绘制正式开始，首先要确定角色在画面中所展示的动态，采用常规的木头人画法，定出头部、躯干与四肢的基本动态。

角色的腰部和臀部尽量显出 S 形，然后把另外一只脚绷直，最后添加上昆虫翅膀。绘制过程如图 3-77 所示。

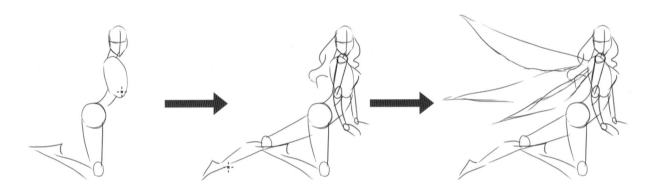

图 3-77　动态绘制

（4）在竖型画布中，角色显得偏小，执行"图像"—"图像旋转"—"90 度（顺时针）"命令，将画面改成横版构图。执行"自由变换"命令调整草稿在画布中的大小和位置，最后补充一些背景构图。绘制过程如图 3-78 所示。

图 3-78　草稿调整

（5）把木头人动态草稿图层的不透明度调低，在其上新建一个空白图层，绘制精致流畅的线稿。

用线条简单表达角色的发型、眉形和脸型，用流畅的曲线表达角色身体的扭曲和腿部的张力，最后补充好额头的触须与蜜蜂的"大屁股"。绘制过程如图 3-79 所示。

图 3-79 草稿细化

这样一来，角色基本的动态草图就算完成了，剩下的工作就是在绘制颜色的时候注意修型与细化，添加衣服饰物等。

二、画笔配合涂抹工具绘制五官

（1）画皮肤的时候，尽量挑选合适的笔刷。这里我们选用的是"good 画笔 -2"（见图 3-80）。

把笔刷流量调低以后，这个笔刷会接近水彩的叠加效果。

①首先把应该有颜色的部分直接涂上（见图 3-81）。

②选取重色在阴影区域涂上，不要太在意笔触（见图 3-82）。

good画笔 - 2

图 3-80　选择画笔　　　　图 3-81　大面积平涂　　　　图 3-82　阴影绘制

（2）颜色的过渡能够直接靠笔刷绘制出来固然很好，但对于初学者来说，更便捷的办法是使用涂抹工具（见图 3-83）。

涂抹工具一样可以配合笔刷样式来使用，常用于调和颜色过渡，使用这种"加油混合笔（90-99）"（见图 3-84），涂抹效果如图 3-85 所示。

模糊工具
锐化工具
涂抹工具　R

加油混合笔(90-99)

图 3-83　涂抹工具　　　　图 3-84　配合画笔　　　　图 3-85　涂抹效果

（3）上色基本上就是靠"good 画笔 –2"来铺垫颜色，然后使用涂抹工具配合"加油混合笔（90 – 99）"来过渡。

①直接在这个图层使用"good 画笔 –3"来绘制线条，这种画笔画线较好，但是要把笔刷流量调低。

②然后回到"good 画笔 –2"来绘制色块，主要注意阴影部分，如眼窝、眼袋、鼻子下面、颧骨部分等。

③再回到涂抹工具中的"加油混合笔（90–99）"，稍微过渡颜色，细看可以发现过渡出来的颜色是颗粒状效果。绘制过程如图 3–86 所示。

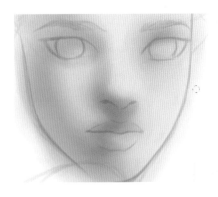

图 3-86　边绘制边涂抹

（4）使用"喷枪"样式画笔（见图 3–87），用白色直接在鼻尖上点缀高光，把鼻尖和鼻翼下方的反光也淡淡地补上（见图 3–88）。反光颜色和主色调应该互补，一般来说，反光颜色推荐蓝灰或者紫灰。

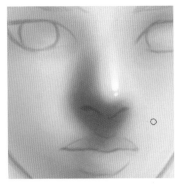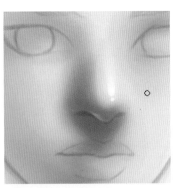

喷枪

图 3-87　"喷枪"画笔　　　　　　　　　　　　图 3-88　喷枪绘制效果

（5）绘制鼻子的时候，用"good 画笔 –3"对鼻子的鼻孔进行加工，然后根据之前绘画与涂抹的方式来绘制角色的眼部。眼睛的绘制步骤如图 3–89 所示。

图 3-89　眼睛的绘制步骤

①因为昆虫的眼睛是复眼，所以这里就不需要眼珠和瞳孔，直接将眼睛涂黑。

②注意泪腺部分细节的绘制，还有上下眼线高光的绘制。

③眼珠高光部分，使用套索工具配合白色做渐变，简单做一下即可。

④最后把角色左边的眉毛和眼睛复制一份，粘贴到右边，根据透视关系稍做修改。

（6）嘴唇的红色在绘制时要小心，可以和肤色相互融合，特别在下嘴唇周边要多做融合。嘴唇的绘制步骤如图 3-90 所示。

图 3-90　嘴唇的绘制步骤

①上唇的右边部分浓重而左边要淡。

②下唇的红色就会柔和一些。

③用白色做出高光效果。

④强化下唇在皮肤上的阴影。

⑤最后加强下唇的反光与唇线。

（7）最后在角色面部加高光和阴影，面部五官就基本完成了。面部的调整步骤如图 3-91 所示。

图 3-91　面部的调整步骤

①加强阴影，如果怕影响之前的部分，可新建图层来绘制，完成后再合并。

②使用涂抹工具融合，并加点蓝灰反光。颜色不要过亮，最亮的部分应该在鼻尖和嘴唇上。

③在额头和两边脸颊上涂点白色高光，用涂抹工具细化。

④最后用橡皮擦工具或路径工具，把多余的部分擦除，五官图层的调整就完成了。

三、喷枪配合路径快速绘制服饰

（1）服饰对于角色来说是比较重要的，它可以直接反映角色的性格。服饰的材质、样式也是多种多样的。这里我们就用比较飘逸的棉布材料来制作上衣，再配合一些毛绒材料来进行装饰。服装绘制步骤如图 3-92 所示。

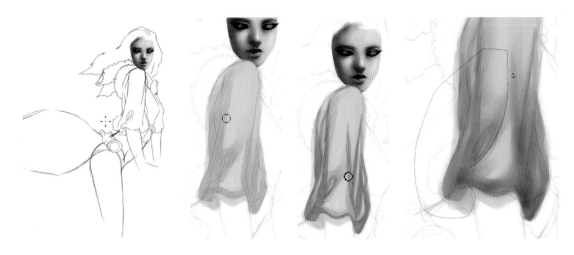

图 3-92　服饰绘制步骤 1

① 在原有草稿的基础之上再细化，上衣就是露脐装，棉布材料。领口和下沿的地方添加一些毛绒材料的领子，类似于蜜蜂的围脖。

② 把鹅黄色大块地铺垫上去，简单的区分亮面和暗面。

③ 再次细化布料产生的皱褶，这样衣服的黑、白、灰就基本区分开了。

④ 为了更加细致地区分阴影，需要使用路径工具来配合。使用钢笔工具，把需要变暗的部分的轮廓勾勒出来。

（2）把路径转换为选区，然后使用喷枪工具，加深局部区域，按照以下步骤细化服装。细节部分完成后，使用橡皮擦工具或者路径，将多余的部分擦除。服饰绘制步骤如图 3-93、图 3-94 所示。

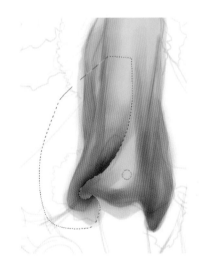

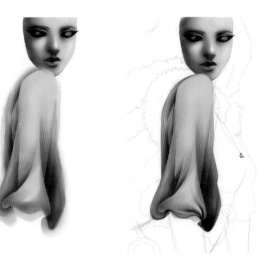

图 3-93　服饰绘制步骤 2　　　　　　　图 3-94　服饰绘制步骤 3

（3）若直接使用毛发笔刷来制作服饰的领子，会略显粗糙。因此还是使用喷枪工具，先把衣领的亮暗面分好，然后使用普通笔刷来绘制一些白色毛发，再使用涂抹工具，把强度放大，从内侧向外侧拖动，这样衣领就带给人毛茸茸的感觉。绘制步骤及效果如图 3-95 所示。

在此基础上，再添加一些暗色和亮色（见图 3-96）。

再做一次，这样领口和肩膀都有毛绒材质的效果了（见图 3-97）。

图 3-95　服饰绘制步骤 4

图 3-96　服饰绘制步骤 5　　　　　图 3-97　服饰绘制步骤 6

四、头发与皮肤的加工

（1）头发的绘制要分几个层次。简单来说，后脑勺部分的暗色长发是一层，挡住面部的头发又是一层。层次分开后，就不会产生不自然的遮挡。

将后脑勺部分的头发图层置于面部图层以下，这样就不会遮挡住角色的面部。使用笔刷把后面头发的颜色做暗，另外需要使用涂抹工具，主要是为了使头发的边界部分看起来不那么实在。再新建一个头发图层，置于面部图层上方，还可以画一些发丝遮挡住脸庞，只要颜色方面稍亮于后部层次的头发即可，整个头发的效果就基本体现出来了。头发有专门的笔刷，使用后会呈现出一排排的发丝效果。制作步骤如图 3-98 所示。

图 3-98　头发皮肤加工步骤 1

　　新建一个图层，图层属性设置为"叠加"模式，做上层头发使用比较硬并且有粗细变化的笔刷，注意头发颜色的变化，特别是亮部颜色的变化，有白色和亮黄。然后用套索工具制作出高光区域的形状，填充为白色。这样出来的效果就会非常亮，颜色也会鲜艳很多。制作步骤如图 3-99 所示。

图 3-99　头发皮肤加工步骤 2

　　(2) 手部的绘制和面部的绘制方法类似，笔刷配合涂抹工具来回加工。

　　用"good 画笔 -2"配合喷枪工具一起铺垫主色调，用涂抹工具中的"加油混合笔"把颜色过渡好，"good 画笔 -3"来勾勒手臂的结构线条，这时画笔线条的质感若强烈，可以设置成"正片叠底"模式并且调低画笔流量，肘部的某些地方会有被衣服挡住的阴影，可使用路径制作出选区，配合喷枪工具做出阴影效果，靠近右手边衣服的地方要浓重一些。把腰部的绒毛材料绘制好，以便挡住小腹。制作步骤如图 3-100 所示。

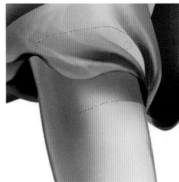

图 3-100　头发皮肤加工步骤 3

　　(3) 绘制身体后方的那只手臂，先做一个遮住手臂的袖子的图层，然后在其下新建图层绘制胳膊。

　　处于后方袖子的颜色稍深，画法照例，用喷枪工具把后面手臂的亮面和暗面区分开来，再用"good 画笔 -3"加工手臂结构线条，暗部再次细化，然后加上指甲的颜色。制作步骤如图 3-101 所示。

图 3-101　头发皮肤加工步骤 4

（4）腹部的绘制相对比较简单，一是角色的腹部是侧面姿势，女性腹部结构也不多，二是角色腹部被衣服挡住了不少。

角色腹部的主要结构是小腹整块与腰部肌肉的交错结构，用涂抹工具中的"加油混合笔"融合加深，加强结构线条，再删除多余的部分，腹部就完成了。制作步骤如图 3-102 所示。

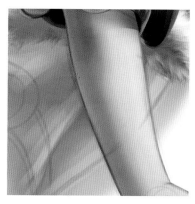

图 3-102　头发皮肤加工步骤 5

（5）大腿的绘制方法与腹部类似，但是要注意臀部、膝盖后窝等地方的阴影层次，而且臀部形状比较圆，所以会带有一些反光。绘制时不要把深色画得太实，完成后再擦除多余的部分。制作步骤如图 3-103 所示。

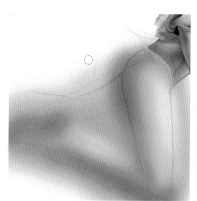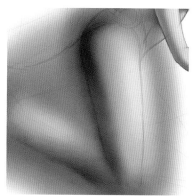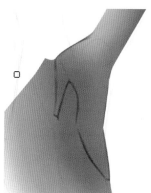

图 3-103　头发皮肤加工步骤 6

（6）脚部的靴子用蓝色来表达，注意高光部分的绘制。

把画布旋转 90° 后再来绘制，主色为蓝色，深色用喷枪工具过渡，区分好暗部细节。用白色高光点缀皮靴的皱褶部分，注意笔刷流量设置为"70%"左右即可。皮靴的高光部分反光会很强，所以用白色网格式反光单独制作。完成后擦除多余的部分，添加好靴边绒毛，再逆时针旋转画布 90° 回到原方向。制作步骤如图 3-104 所示。

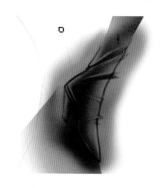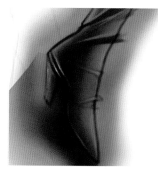

图 3-104　头发皮肤加工步骤 7

五、金属饰物质感表达

（1）绘制腰部的金属饰物，要把亮面暗面的颜色区分拉大，再仔细加工高光区域。

饰物周围的金属条包边部分，直接绘制蓝色高光，使用喷枪工具和涂抹工具中的"加油混合笔"融合，中间的平坦区域，使用套索工具勾选出应有高光的区域，再使用渐变工具配合白色铺垫，白色高光绘制完成后，使用橡皮擦工具纵横交错地擦除一些部分，这样就会产生那种玻璃窗户经太阳光折射的效果。制作步骤如图3-105所示。

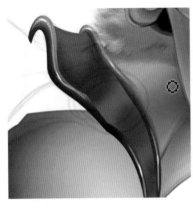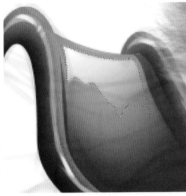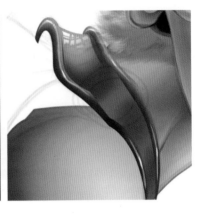

图3-105　金属质感表达步骤1

（2）腰部饰物最主要的部分是圆盘形装饰，是通过图层样式来完成的，不必硬画。当然这只是初级教程，到了比较高级的阶段，也可以通过笔刷工具来绘制。

首先用圆形选框工具做一个标准圆形，并填充灰蓝色，双击图层，会弹出"图层样式"面板，执行"斜面和浮雕"命令，再按照"图层样式"中的参数进行调整即可。制作步骤如图3-106所示。

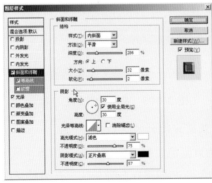

图3-106　金属质感表达步骤2

使用形状工具，并配合使用"水晶形状样式"，将其拖出并对齐蓝色圆盘的中点，再合并两个图层。将合并后的图层复制几个，并且用白色点缀高光。制作步骤如图3-107所示。

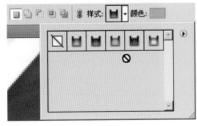

图3-107　金属质感表达步骤3

（3）沿用之前腰部金属物高光的做法，用套索工具做选区，用渐变做高光，最后用橡皮擦工具擦除网格，这样可以把高光和反光制作出来，最后把图层设置为"滤光"模式。制作步骤和效果如图3-108所示。

图 3-108 金属质感表达步骤 4

用暗色绘制出圆盘在金属饰物上的阴影，并且把金属饰物上的花纹轮廓勾勒出来，再用亮蓝色来提高亮部，用白色点缀高光。制作步骤和局部效果如图3-109所示。

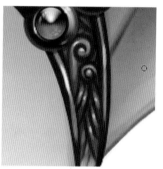

图 3-109 金属质感表达步骤 5

六、蜜蜂特征的追加

（1）身体部分已经差不多完成了，可以开始追加原型蜜蜂的一些生物特征了。首先把蜜蜂腹部和角色腿部中间的裤子补充好，使用颜色为类似于上衣的米黄色，并丰富其布料产生的皱褶，这里比较贴身，所以皱褶在方向上比较统一。最后把金属饰物在内裤上的投影、大腿上的投影，内裤在大腿上的投影补充完成。制作步骤如图3-110所示。

图 3-110 蜜蜂特征绘制步骤 1

（2）添加蜜蜂的腹部结构，首先勾勒整个腹部并填色，体积感表达清楚后，再添加黑色条纹。制作步骤如图3-111所示。

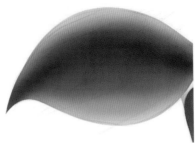

图 3-111　蜜蜂特征绘制步骤 2

（3）使用涂抹工具配合"刮痕混色笔95-99"来刮出毛发的感觉，最后在腹部添加一些"花粉状物"。制作步骤如图3-112所示。

图 3-112　蜜蜂特征绘制步骤 3

（4）后腿的画法与前文大腿的画法是一样的，只是颜色稍暗。制作步骤如图3-113所示。

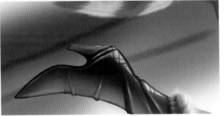

图 3-113　蜜蜂特征绘制步骤 4

后腿的靴子可以直接复制之前已做好的靴子，颜色也稍微调暗，主角的整体就更加完整了（见图3-114）。

（5）添加蜜蜂的翅膀，这里需要注意的是，翅膀的颜色不需要填充得很实在，尽量做半透明效果，这样会更像昆虫的翅膀。制作步骤如图3-115和图3-116所示。

图 3-114　蜜蜂特征绘制步骤 5　　　　　　图 3-115　蜜蜂特征绘制步骤 6

图 3-116　蜜蜂特征绘制步骤 7

① 用路径勾勒出翅膀的形状，转换为选区。

② 用半透明的白色在区域内绘制翅膀，翅膀的经脉要画得实在。

③ 新建一个图层，用彩色做色块混色，图层设置为"滤色"模式。

④ 将彩色图层与翅膀图层合并，然后复制几份并调整位置。

七、后期整体调整加工

（1）使用形状工具配合"水晶形状样式"，制作一个橘红色水晶球，并手动制作一些光泽投影。制作步骤如图 3-117 所示。

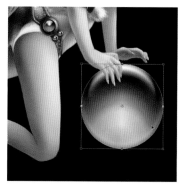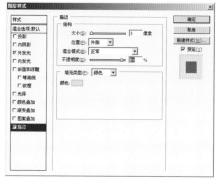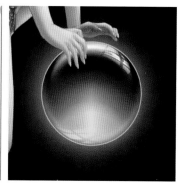

图 3-117　后期调整步骤 1

（2）在角色的额头上添加蜜蜂触须（见图 3-118），面部添加一些金黄色的花粉（见图 3-119），花粉的图层设置为"叠加"模式。

图 3-118　后期调整步骤 2　　　　　　　　图 3-119　后期调整步骤 3

（3）返回到后腿的部分，两腿间的距离还是没有拉开，所以需要重新调整加工。制作步骤如图 3-120 所示。

图 3-120　后期调整步骤 4

① 用套索工具选中后腿的整个区域。

② 将其整体调暗，将靠近靴子的地方着重加暗。

③ 靠上的区域手工进行选择。

④ 填充青灰色，并且做出模糊效果。

⑤ 用橡皮擦工具擦除后腿区域多余的部分，这样反光效果就完整了（见图 3-121）。

图 3-121　后期调整步骤 5

（4）在靠近水晶球的部分，应该会有一些水晶球光线的映射，所以随意地在受光面添加一些鹅黄色的笔触（即新建一个图层）。做模糊效果以后，把图层设置为"叠加"模式，再用橡皮擦工具擦除多余的部分，这样光效就比较自然了。制作步骤如图 3-122 所示。

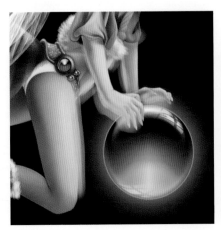

图 3-122　后期调整步骤 6

（5）最后再次回到后腿，添加动态模糊的效果。

用套索工具选择的时候，羽化值要大一些，执行"动感模糊"命令，调整好角度，这样后腿的效果就完全不同于前腿了。制作步骤如图 3-123 所示。

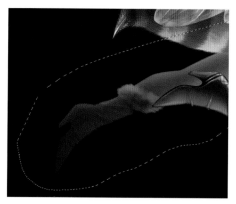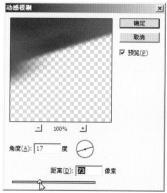

图 3-123　后期调整步骤 7

（6）把所有有关角色的部分拖入一个文件夹内。背景的处理方法前文有详细的讲述，在此不再赘述。这样每个部分有一个图层，虽然图层有些多，但在后期便于调整与修改。最终效果如图 3-124 所示。

图 3-124　后期调整步骤 8

八、路径画笔组合画法的简略流程

1. 草图

（1）先用常规的木头人画法来定出角色的动态与比例。

（2）修正比例，添加头发、衣物、背景的大致外形。

（3）细化草稿，基本细化到角色身上的设计细节。制作步骤如图 3-125 所示。

2. 画笔配合涂抹工具着色

对画笔没有特殊要求，初步的绘制只需要表达出简单的光影关系。主要是在融合颜色时，需要使用涂抹工具，并将其笔刷调整为"加油混合笔（90-99）"。

其他部分的绘制基本也是按照这样的步骤反复进行绘画与涂抹的。制作步骤如图 3-126 所示。

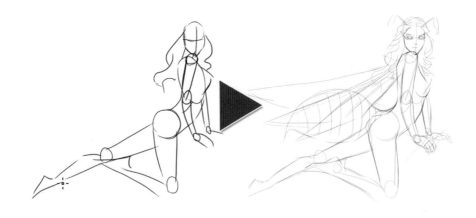

图 3-125　流程步骤图 1

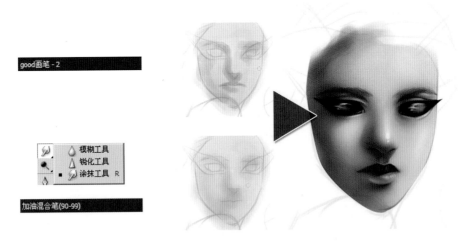

图 3-126　流程步骤图 2

3. 路径配合画笔细节制作

细节部分就先用画笔来画，然后使用路径做好形状，再转换为选区，在选区内部进行加工。这样既有画笔的绘画性，又有路径制作的精致细节。制作步骤如图 3-127 所示。

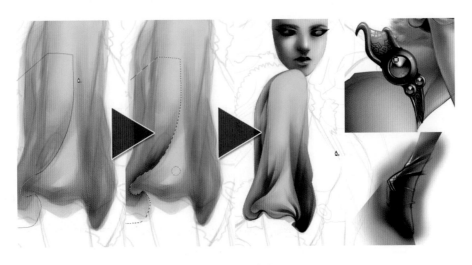

图 3-127　流程步骤图 3

4. 整体效果调整与加工

最后，就是对各个部分进行调整与加工。将肢体处于后方的，颜色饱和度调低，亮度调低。再执行"动感模糊"命令，使其彻底"灰化"，便于与前方肢体产生空间距离感。制作步骤如图 3-128 所示。最后的调整加工都是些琐碎的工作，主要的修改点就是空间、光效、质感等，画笔和路径的配合使用以及图层属性的配合使用。

图 3-128　流程步骤图 4

第三节　SAI 勾线水彩画法

一、铅笔、画笔、钢笔配合描线

SAI 是这几年非常流行的一款绘画软件，主要特点是小巧，操作便捷，内存空间非常小，容易上手。

（1）动漫插图或 CG 绘画的第一步都涉及同一个问题——线稿。

线稿在不同的绘制方法和不同的软件中使用的工具是不一样的。

① 手绘线稿先扫描后上色的这种方法，可以使用的工具很多。

a）常用的是漫画蘸水笔，用其钩墨线，扫描以后在 PS 或者 Painter 中进行上色处理；

b）也有直接用铅笔稿扫描使用的，一般是自动铅笔，偏厚重风格的画作可以用绘画铅笔、速写铅笔、炭笔等；

c）偏国风的画作，可以用毛笔配合宣纸来进行白描或者用铁线描的国画描线技法。

②在 PS 中，描线分两种。

a）数位板直接笔刷描线，一般是用实心尖角笔刷（系统默认笔刷），有时也可以用下载的笔刷中的"2B 铅笔"、"钢笔"、"签字笔"等笔刷来描线，各种韵味不一样。

b）偏向精细制作的方法是用路径勾线，使用钢笔工具配合笔刷沿路径描边（可以有无变化线条与模拟压力线条两种样式）。

③在 PT 中，用于勾线的工具就很多了，包括各种铅笔、勾线笔、毛笔等，因为 PT 本身就偏向于模拟自然介质绘画。除此之外，PT 也有贝塞尔曲线，和 PS 的钢笔路径相仿，一样可以用于细致的勾线。

而在本节，我们先来看看 SAI 勾线的主要应用工具。

（2）第一步使用传统的木头人画法，把角色的动态、基本比例和周围的场景布置简单勾勒（见图 3-129）。这里直接使用画笔工具或者铅笔工具都可以，只要能够明晰表达即可。

（3）用不同的颜色稍微细化角色的皮肤、头发、衣服和凳子等几个部分，要求要有所区分。绘制步骤如图 3-130 所示。

图 3-129　线稿绘制步骤 1　　　　　　　　　　图 3-130　线稿绘制步骤 2

草稿完成到这个程度就可以了，下面就可以依据这个细化稿（见图 3-131）来描线。

（4）第二步可以进行勾线工作了。首先是面部五官还有头发的勾线工作。面部主要用铅笔工具，而头发因为后期还要补充发丝细节，所以这里用比较软一些的画笔工具来勾线。注意这两个部分分别是在两个图层里勾线，这样便于之后的上色、选取等。为了区分清楚，除了工具的不同以外，笔刷的大小还有颜色也要区分开来。绘制步骤如图 3-132 所示。

图 3-131　线稿绘制步骤 3　　　　　　　　　　图 3-132　线稿绘制步骤 4

（5）衣服部分看起来像宽松的浴衣，实际上是要做成宽松的毛衣或者呢子大衣，整体上要呈现出宽松柔软有厚度的感觉，所以使用画笔工具来描线。

同样，新建一个名称为"衣服"的图层（见图 3-133），如果有穿插的部分，可以在其图层内直接擦除，而不会影响到线条交接的部分。绘制步骤如图 3-134 所示。

图 3-133　线稿绘制步骤 5　　　　　　　　　图 3-134　线稿绘制步骤 6

最后再补充角色的两只手，基本上主题角色的皮肤、头发、衣服部分就勾勒完成了。绘制步骤如图 3-135 所示。

图 3-135　线稿绘制步骤 7

（6）最后一步是制作用作道具的椅子，这里线条比较长，而且很光滑。所以推荐使用钢笔图层来描绘。

①新建钢笔图层（见图 3-136）。

②使用曲线工具来勾勒椅子的轮廓线（见图 3-137）。

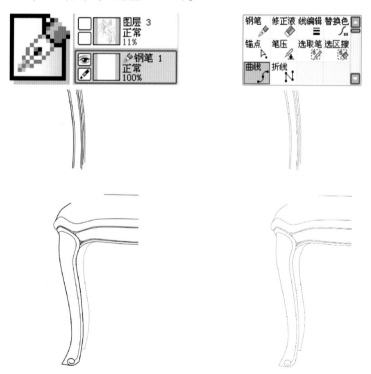

图 3-136　线稿绘制步骤 8　　　　　　　　　图 3-137　线稿绘制步骤 9

③从整体来看，形状虽然出来了，但是线条过细而且没有变化，需要使用线编辑工具，局部调整线条的粗细（见图 3-138）。当然，如果需要线条上有粗有细，就用调整笔压工具来进行调整。

（7）部分线稿图层锁定不透明度，然后把颜色更换掉，基本上线稿就完成了（见图3-139），接下来进入上色阶段。

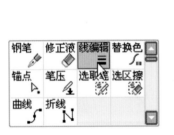

图 3-138　线稿绘制步骤 10　　　　　图 3-139　线稿绘制步骤 11

二、水彩效果的设置

（1）普通的工具做出来的效果，并不能达到预期的水彩质感。一般使用画笔工具来画，用水彩笔工具来融合颜色，但是无论如何，水彩的积水、湿边、水渍等效果还是做不出来。

传统思维里，我们会更改画笔的质感或者进行设置，但是在 SAI 中，还有其他设置可以调整水彩的质感（见图3-140）。

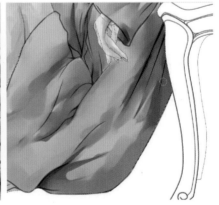

图 3-140　水彩效果设置 1

（2）如图 3-141 所示，画笔工具最多只能做成这种效果，一般绘画的时候最多调整画笔形状、画笔材质、混色、水分量、色延伸等。

（3）在图层上方，有"画材效果"的面板，在这里把"画纸质感"设置为"水彩纸"，"画材效果"设置为"水彩边缘"，稍微调整数值，就会出现水彩纸颗粒、水渍等效果了（见图3-142）。

图 3-141　水彩效果设置 2　　　　　　　　　　　图 3-142　水彩效果设置 3

（4）水彩质感有好几种，"水彩 1"画布效果和参数设置如图 3-143 所示。

"织网"画布效果和参数设置如图 3-144 所示。

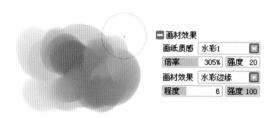
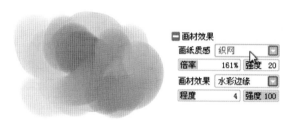

图 3-143　水彩效果设置 4　　　　　　　　　　　图 3-144　水彩效果设置 5

"花茎"画布效果和参数设置如图 3-145 所示。

"带杂质的纸纹"画布效果和参数设置如图 3-146 所示。不同版本的画纸质感是不一样的，但是基本的水彩效果都是具备的。

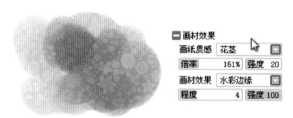
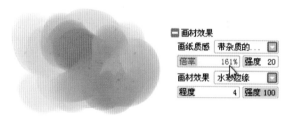

图 3-145　水彩效果设置 6　　　　　　　　　　　图 3-146　水彩效果设置 7

（5）使用橡皮擦工具的时候要注意，可以适当地添加"画纸质感"，这样擦出来会有一种水渍的感觉。水彩效果和参数设置如图 3-147 所示。

（6）将画笔、画纸质感、画材效果、橡皮擦等工具相互配合使用，就可以制作出水彩的湿边和水渍效果了。水彩最终效果如图 3-148 所示。

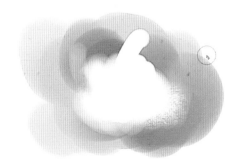
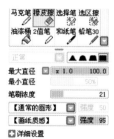

图 3-147　水彩效果设置 8　　　　　　　　　　　图 3-148　水彩效果设置 9

三、细部绘制

（1）设置好水彩的效果以后，就可以直接进行细部绘制，按照水彩的画法，一层层地叠加，不必画得太瓷实，先浅浅地铺垫一层，如图 3-149 所示。

（2）边画边调整画材的质感，把水彩的效果调整适中，再慢慢加深暗部区域，如图 3-150 所示。

图 3-149　细节绘制 1　　　　图 3-150　细节绘制 2

（3）可以看出来，现在的水渍效果过深，可以用水彩笔工具来融合颜色，如图 3-151 所示。

（4）衣服上的明暗度，水彩质感不需要太过。周围的道具，用不同的画材质感配合水彩边缘即可，如图 3-152 所示。

图 3-151　细节绘制 3　　　　图 3-152　细节绘制 4

回到皮肤上色图层，调整画材质感的强度数值，让皮肤上的水渍还有纸纹颗粒更明显。

接下来细化腿和手，在大腿与小腿紧挨着的部分要仔细刻，如图 3-153 所示。

图 3-153　细节绘制 5

（5）在制作椅子光效时，新建一个"叠加"模式图层，这样在画亮色时，会使颜色更鲜艳发亮，而不会使亮色直接覆盖掉下面的颜色纹样，如图 3-154 所示。

将椅子后面的窗帘的皱褶加深，然后刻画角色、椅子、窗帘等在地毯上的投影，注意虚实关系，虚色部分用水彩笔工具融合，整个阴影的图层属性设置为"正片叠底"模式。绘制步骤和效果如图 3-155 所示。

图 3-154　细节绘制 6　　　　　　　　　　　　　　图 3-155　细节绘制 7

（6）为了加强水彩效果，可以挑选水彩图片作为素材，粘贴入画面后，把图层设置为"正片叠底"模式。绘制步骤和效果如图 3-156 所示。

图 3-156　细节绘制 8

用自由变换工具和移动工具，把图片素材放在画面右下方，调低图层透明度，在角色和背景图层之间再做一些水彩痕迹。绘制步骤和效果如图 3-157 所示。

图 3-157　细节绘制 9

设置好水彩痕迹透明度后，用橡皮擦工具把部分区域擦除，当然，需要调整橡皮擦工具的浓度和画材质感。最后效果如图3-158所示。

（7）在角色的外衣上添加一些简单的几何纹样，图层设置为"正片叠底"模式，同样需要有水渍效果。绘制步骤和效果如图3-159所示。

图3-158　细节绘制10

图3-159　细节绘制11

在细节部分做一些编织的小纹理，如同毛衣上的编织图案（见图3-160）。

图3-160　细节绘制12

整体的纹样如图3-161所示，为了避免衣服过于单调，可以配一些撞色条纹，这样在颜色上会稍显丰富。

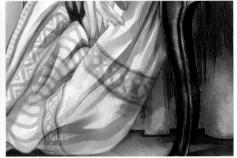

图3-161　细节绘制13

（8）找一张颜色丰富的特效图片当作素材叠加到原图上（见图3-162），图层设置为"叠加"模式。把图层透明度调低，然后用橡皮擦工具擦除过于显眼的部分。

叠加最大的好处在于对暗色部分起作用，亮色区域叠加的花纹并不明显，如图3-163所示。

图 3-162　细节绘制 14

图 3-163　细节绘制 15

四、后期整理

（1）后期调整光效饱和度用 PS 比较方便。首先把颜色模式设置为"CMYK颜色"，避免有些颜色看起来光线充足但是超出了打印色值。

然后从左上角到右下角做白色渐变效果，图层设置为"柔光"模式，这样光效会柔和很多。绘制步骤和效果如图3-164所示。

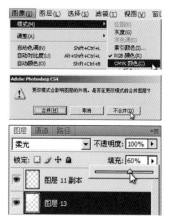 

图 3-164　后期整理 1

（2）做一个从右下角到左上角的阴影渐变效果（图层设置为"正片叠底"模式），把所有光效图层添加到"调整图层"文件夹，基本上就完成了。绘制步骤和效果如图3-165和图3-166所示。

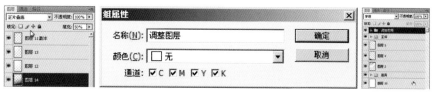

图 3-165　后期整理 2

图 3-166   最终效果

五、SAI 勾线水彩画法的简略流程

1. 线稿制作

基本的线稿制作流程：木头人结构画法→细化草图（加衣服、道具、发型、固定五官位置，细化肢体结构和比例等）→SAI 铅笔工具勾线。绘制步骤如图 3-167 所示。

图 3-167   流程步骤图 1

2. 水彩效果调整

水彩效果不一定光靠画笔设置来完成，也可以通过调整画材效果来实现。

用橡皮擦工具的时候，可以调整画笔质感，这样出来的水渍效果会更明显。绘制步骤如图 3-168 所示。

3. 细致绘画

水彩效果设置好以后，就可以开始细致绘画了。用画笔工具画，用水彩笔工具融合，用橡皮擦工具擦除出水渍效果。

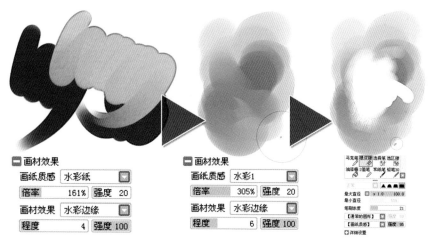

图 3-168　流程步骤图 2

完成后，图层设置为"正片叠底"模式来叠加水彩纹理，再新建空白图层，一样用水彩效果做衣服上的花纹。绘制步骤如图 3-169 所示。

图 3-169　流程步骤图 3

4. 后期调整

整体添加叠加花纹，图层设置为"叠加"模式，用橡皮擦工具擦除过多的部分。

然后做整体光效和整体阴影效果，颜色调整为"CMYK 颜色"模式，这样颜色不会过于失真。绘制步骤如图 3-170 所示。

图 3-170　流程步骤图 4

第四节　SAI 填色叠加画法

一、铅笔勾线

SAI 填色叠加画法，是用 SAI 画笔加上整体制作阴影光效图层的一种绘画方法。主要利用了 SAI 勾线便捷，油漆桶工具上色快速，图层叠加颜色容易整体控制的几个特点。

（1）SAI 勾线，最常用的是铅笔工具而不是"画笔"工具（见图 3-171），一般选择默认选项就可以了，笔头的形状按照自己需要线条的软硬程度来设置。

角色起稿，还是按照常规的木头人画法，把身体比例和姿态等表示出来（见图 3-172）。

（2）把原始的图层透明度调低，再新建一个图层（见图 3-173）。

直接使用铅笔工具来细化勾线，线条的粗细不要超过 5 像素，手抖修正功能可以使线条光滑，数值一般设置为 7~10，铅笔勾线效果如图 3-174 所示。

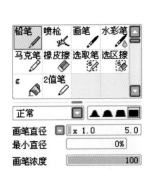   

图 3-171　铅笔勾线 1　　　　图 3-172　铅笔勾线 2　　　　图 3-173　铅笔勾线 3　　　　图 3-174　铅笔勾线 4

铅笔工具的笔刷设置手抖修正参数后就很好用了，分步骤把细节部分逐步完成。绘制步骤如图 3-175 所示。

图 3-175　铅笔勾线 5

（3）遇到左右对称的部分，新建一个图层（简称参考线图层），做一些有颜色的参考线。然后再新建一个图层

（简称细化稿图层）来细化草稿，最后再新建一个图层（简称线稿图层）来详细描画，这样就不会在一个图层上经常犯错（见图3-176）。

图3-176　铅笔勾线6

基本绘制过程如下：细化稿图层—线稿图层（见图3-177）。

图3-177　铅笔勾线7

参考线图层—细化稿图层—线稿图层（见图3-178、图3-179）。

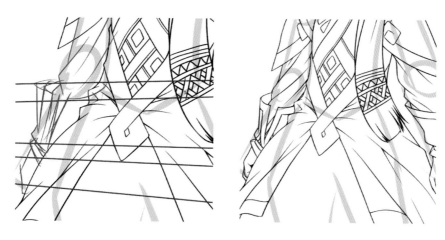

图3-178　铅笔勾线8

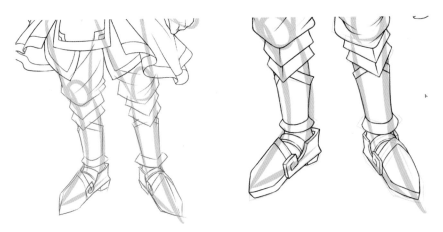

图 3-179　铅笔勾线 9

（4）主体完成得差不多时，就给角色补上背后佩带的武器（见图 3-180）。

图 3-180　铅笔勾线 10

擦除与其相交叉的线条（笔者一般多新建一个线稿图层，擦除多余的部分再与其合并，这样比较方便），在前胸的部分添加一条固定武器用的带子（见图 3-181）。

线稿完成效果如图 3-182 所示。

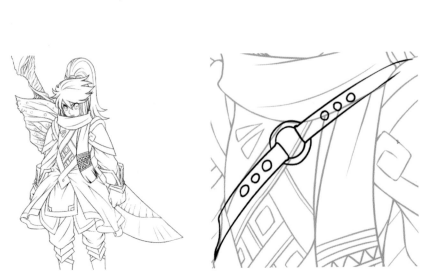

图 3-181　铅笔勾线 11

图 3-182　铅笔勾线 12

二、填色与叠加颜色

（1）SAI 上色最快的方法是，使用油漆桶工具，"选取模式"设置为"色差范围内的部分"，"取样来源"设置为"图像"，再勾选"消除锯齿"（见图 3-183）。这样一来，我们可以以任何图层为参考物，在固定的一个空白图层上色了。这个方法不需要先回到线稿图层里选择然后再到上色图层内上色，非常快捷。

"色差范围内的部分"的"色差范围"数值可以自由设置，范围越大，填色时越接近线稿里层，这样就不会留有没填上色的杂点。效果如图 3-184 所示。

图 3-183　填色与叠色 1　　　　　　　图 3-184　填色与叠色 2

（2）将这个图层命名为"底色"，在其上新建一个空白图层，命令为阴影，准备开始阴影部分的绘制。阴影部分主要用画笔工具就可以了，画笔工具的固有参数设置本身就带有一定的混色功效，比较方便使用。画笔工具参数设置和效果如图 3-185 所示。

（3）将绘制阴影的图层设置为"正片叠底"模式，颜色尽量不用杂，统一用一种蓝灰色来表现阴影就可以了（见图 3-186）。

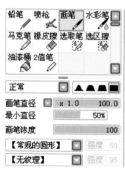
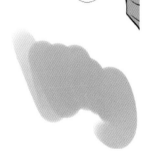
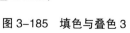

图 3-185　填色与叠色 3　　　　　　　图 3-186　填色与叠色 4

（4）如果觉得一层阴影不够，就再做一次正片叠底效果，这样阴影细节就会多一些了。凡是要画阴影，就将图层属性设置为"正片叠底"模式。画得差不多时，按住【Ctrl+E】组合键向下合并这些正片叠底效果图层。阴影部分最终只需要一个正片叠底效果图层就可以了。绘制步骤和效果如图 3-187 所示。

（5）绘制的时候，主要是用画笔工具和水彩笔工具来配合绘画。

颜色的细节部分用画笔工具来画，而水彩笔工具是用来融合颜色的，融合的程度和水彩笔的"出水量"有关。绘制步骤如图 3-188 所示。

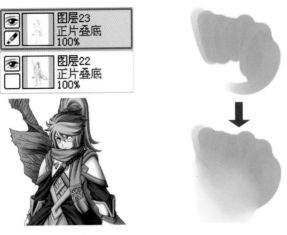

图 3-187　填色与叠色 5　　　　　图 3-188　填色与叠色 6

（6）阴影部分完成以后，就开始绘制亮色部分。为了统一，还是新建一个空白图层，用白色或米黄色等亮色绘制。将图层属性设置为"叠加"模式，这样就不至于太亮，而且颜色会根据底色的不同呈现出不同的亮色，饱和度也要提高。绘制步骤和效果如图 3-189 和图 3-190 所示。

（7）用铅笔工具配合灰色，在肩甲、胸甲，腿甲等白色部分绘制一些简单的花纹进行装饰（见图 3-191）。

图 3-189　填色与叠色 7　　　图 3-190　填色与叠色 8　　　　　图 3-191　填色与叠色 9

（8）回到之前的叠加图层，用粉红色绘制角色背上大刀的亮色区域，如图 3-192 所示。

（9）勾选线稿图层的"锁定透明像素"，然后用笔刷配合颜色对线稿进行换色，以配合周围的颜色，如图 3-193 所示。

（10）回到底色图层，把刀的颜色更改为红色，如图 3-194 所示。

图 3-192　填色与叠色 10　　　图 3-193　填色与叠色 11　　　图 3-194　填色与叠色 12

（11）回到阴影图层，加强刀柄与刀身相互间的阴影，如图 3-195 所示。

（12）阴影部分完成以后，新建一个空白图层，用白色点缀高光，图层命名为高光，属性设置为"正常"模式，这样就会有油光的效果了，如图 3-196 所示。

图 3-195　填色与叠色 13

图 3-196　填色与叠色 14

（13）为了配合刀身，将刀刃做出贝壳的质感（见图 3-197），贝壳对应甲壳，刚好合适（见图 3-198）。再回到线稿图层，选中刀的选区（见图 3-199）。

图 3-197　填色与叠色 15

图 3-198　填色与叠色 16

图 3-199　填色与叠色 17

（14）新建一个亮色图层，图层属性为"叠加"模式。直接用画笔工具配合亮黄色，在角色的右上角画几笔亮黄色，然后使用水彩笔工具来进行融合。添加一些反光的蓝灰色，再把所有的图层整理好，角色基本效果就完成了。绘制步骤和最终效果如图 3-200 和图 3-201 所示。

图 3-200　填色与叠色 18

图 3-201　最终效果

三、整体修改

(1) 角色的整体颜色上好以后，新建一个空白图层来做整体的阴影效果，用蓝灰色简单处理，如图 3-202 所示。

(2) 使用水彩笔工具稍微融合颜色，这样笔触就不会那么明显，过渡也更自然，如图 3-203 所示。

(3) 把这个图层设置为"正片叠底"模式，用笔刷画一个背景图层，这里的笔触不需要融合，如图 3-204 所示。

图 3-202　整体修改 1

图 3-203　整体修改 2

图 3-204　整体修改 3

(4) 现在改用铅笔工具，因为铅笔工具的边缘比较明显，而且有粗细的感觉。在阴影图层里用铅笔工具画白色，白色在阴影图层里就相当于橡皮擦工具的效果，因为白色正片叠底，等于无效果。绘制步骤如图 3-205 所示。

图 3-205　整体修改 4

(5) 部分地方需要将亮色融入阴影里，直接用水彩笔工具融合就可以了，特别是面部的阴影需要仔细地处理。铅笔工具画白色当作橡皮擦工具用，再用水彩笔工具融合。绘制步骤如图 3-206 所示。

图 3-206　整体修改 5

（6）光线基本上都是从画布右上方照射下来的，所以用铅笔工具画的白色基本上也是沿着画布右上方的边缘仔细绘制，特别是刀身的小细节需要着重绘制。图层管理设置和绘制效果如图 3-207 所示。

（7）最终效果如图 3-208 所示。SAI 填色叠加法的最大优点有两个：①SAI 中的油漆桶工具针对所有图层选择，方便快捷，而且可以调整边缘容差；②叠加的图层使得绘画过程很流畅，便于管理和调整。

图 3-207　整体修改 6

图 3-208　最终效果

四、SAI 填色叠加画法的简略流程

1. 填色

勾线用铅笔工具，填色最快的方法是使用油漆桶工具，要勾选"取样来源"中的"图像"，这样可以针对所有的图层选取和着色。绘制步骤如图 3-209 所示。

图 3-209　流程步骤图 1

2. 图层属性叠加

颜色需要加深，就新建一个阴影图层，图层属性设置为"叠加"模式。颜色需要加亮，就新建一个亮色图层，图层属性设置为"叠加"模式。绘制步骤如图 3-210 所示。

图 3-210　流程步骤图 2

3. 笔刷的配合

不管是在混合亮色还是混合暗色，都是先用画笔工具先画，再用水彩笔工具融合。绘制步骤如图 3-211 所示。

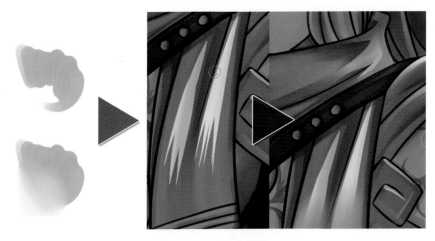

图 3-211　流程步骤图 3

4. 后期大阴影效果

新建一个大阴影图层，不需要阴影的地方，用白色配合铅笔工具来画，效果和橡皮擦工具是一样的。绘制步骤如图 3-212 所示。

图 3-212　流程步骤图 4

第五节　SAI 笔刷流快速染色法

一、皮肤快速上色

SAI 笔刷流快速染色法，这是笔者自己总结的一个名字，这种画法的关键在于"笔刷""染色""快速"三点，相比较 PS 路径等方法在染色上要快很多。后文在实例中会一一说明。

（1）线稿的绘制过程这里就不再重复了，在 SAI 相关的教程中有详细的说明。需要注意的是，在线条交叉转折的地方，有小阴影的部分直接用黑色涂上（见图 3-213），这样线稿本身看起来就比较精致。

（2）使用油漆桶工具来快速填色。首先在线稿图层下面新建一个空白图层，在油漆桶工具选项中把"色差范围"的数值调大，在"选区抽取来源"中勾选"可见图像"。颜色选深一点的颜色，这样在皮肤空白处就可以快速填色了。绘制步骤如图 3-214 所示。

（3）按【Ctrl】键，单击皮肤图层前的缩览图，这样就可以调出皮肤图层的选区。绘制步骤如图 3-215 所示。

（4）有了选区以后，执行"选择"—"扩大选区 1 像素"命令，这样就覆盖了一部分的空隙白色区域，按【Ctrl+F】组合键进行填充，这样空隙就少了很多。取消选区后，一些边角部分就用铅笔工具直接涂满。绘制步骤如图 3-216 所示。

图 3-213　准备好的线稿

图 3-214　油漆桶填色

图 3-215　调出选区

图 3-216　扩展后再次填充

（5）皮肤图层全部涂满以后（完全没有杂点和空隙），在图层面板中勾选"锁定不透明度"，再把皮肤颜色选好，按【Ctrl+F】组合键填充，这样皮肤的固有色图层就制作好了。绘制步骤如图 3-217 所示。

（6）直接调用水彩笔工具，"混色""水分量""色延伸"的数值均在 50 以上。在皮肤固有色图层上，用比皮肤固有色稍深的颜色，直接把一些关节的部分涂上。水彩笔工具本身有润色的功能，涂上以后可以使颜色自然过渡，深色的部分如图 3-218 中红色圈内所示。这就是所谓的"染色"画法。绘制步骤如图 3-218 所示。

图 3-217　锁定后换色填充　　　　　　　　　图 3-218　水彩笔揉开颜色

（7）阴影的制作步骤如下。

①按住【Ctrl】键，并点击图层缩览图调出皮肤选区，然后在皮肤图层之上新建一个图层用来做皮肤的阴影，将此图层属性设置为"正片叠底"模式。

②直接用铅笔工具绘制阴影区域，需要按照肌肉结构来绘制，切线和出锋入锋都要利索，可以把"抖动修正"功能参数更改为"13"，这样拉线条的时候会平滑很多。颜色如果深了可以调整图层不透明度，颜色如果不正可以按住【Ctrl+U】组合键调整色相对比度。

③局部地方需要润色，再次选用水彩笔工具，颜色为白色（这样不影响正片叠底的效果），将角色的脸颊、下巴等需要颜色过渡的地方润色。绘制步骤如图 3-219 所示。

图 3-219　正片叠底做阴影

（8）新建一个空白图层，图层属性设置为"正片叠底"模式，再添加一层阴影。添加阴影的面积不需要太大，只在脖子部分添加就可以了。然后在其上新建一个普通图层，用铅笔工具直接绘制反光，用水彩笔工具润色，调整透明度后细化反光部分就完成了。绘制步骤如图 3-220 所示。

图 3-220 细化反光

（9）五官的绘制的步骤如下。

①新建一个图层绘制牙齿。

②新建一个图层平涂好眼部。

③简单地把眼珠光泽绘画好。

④新建一个图层绘制眼珠阴影，图层属性设置为"正片叠底"模式。

⑤强化眉毛和眼眶的阴影，不能绘制到眼睛区域里。

⑥在线稿图层以上新建一个图层，用白色做高光效果。绘制步骤如图 3-221 和图 3-222 所示。

图 3-221 五官绘制 1

图 3-222 五官绘制 2

（10）皮肤部分的上色就基本完成了（见图 3-223）。这种上色的基本顺序如下：

油漆桶工具→"扩展 1 像素"→铅笔制作固有色→水彩笔润色→铅笔工具做正片叠底效果并制作阴影→普通图层制作反光→线稿上普通图层做白色高光效果。

（11）把与皮肤相关的图层全部纳入一个名为"皮肤"的图层文件夹中（见图 3-224）。

图 3-223　皮肤绘制完成　　　　　　　　　图 3-224　图层整理

通常来说画过的区域内会有杂点，但一个个清理图层又过于麻烦，所以直接用图层蒙版来整体清理杂点。

二、头发快速上色

（1）同给皮肤上色一样，首先制作固有色图层，锁定图层不透明度后用水彩笔工具染色并过渡融合（见图 3-225）。

（2）调出固有色图层的选区，按【Ctrl+H】组合键可以隐藏选区，然后新建一个图层，设置"正片叠底"模式，用铅笔工具绘制阴影，如图 3-226 所示。

（3）新建一个图层，设置为"正片叠底"模式，加一层强化的阴影（见图 3-227）。阴影主要分布在偏后的头发部分，前方头发遮挡造成的阴影需要强化。

图 3-225　头发上色 1　　　　图 3-226　头发上色 2　　　　图 3-227　头发上色 3

（4）新建一个覆盖图层，用铅笔工具配合浅蓝色直接绘制高光区域，覆盖效果类似于 PS 中的叠加效果，如图 3-228 所示。

（5）再次新建一个覆盖图层，强化头发区域的高光，用白色高光点做覆盖效果比较好，如图 3-229 所示。

（6）新建一个滤色图层，用水彩笔工具选择紫灰色作为反光，然后用铅笔工具强化反光边缘，如图 3-230 所示。

图 3-228　头发上色 4　　　　图 3-229　头发上色 5　　　　图 3-230　头发上色 6

（7）用稍亮的颜色在新图层中强化反光效果。最后新建一个覆盖图层，用水彩笔工具润开白色，这样头发就有了光亮的效果。最后整理好头发图层组，并用图层蒙版整理头发部分边缘。绘制步骤和效果如图 3-231 所示。

图 3-231　头发上色 7

三、服饰配色与上色

（1）服饰的上色方法实际上与皮肤、头发的上色方法是一样的，这种方法就是固有色图层 + 水彩笔染色，然后利用铅笔的特性快速上色。服饰上色需要注意的是颜色的搭配。

①制作固有色图层并用水彩笔工具晕染重点颜色。

②新建图层，设置为"正片叠底"模式并绘制阴影，记住要在固有色图层的选区范围内。

③新建普通图层或滤色图层并用灰紫色绘制反光区域。绘制步骤如图 3-232 所示。

图 3-232　服饰上色 1

（2）点缀服饰的高光点部分，将后腰部分的光线提亮。绘制步骤如图 3-233 所示。

图 3-233　服饰上色 2

（3）衣服的底色是偏青色的鲜蓝色，所以外侧布料的颜色就采用亮度较高、饱和度一般的淡蓝色。接下来的步骤是固有色 + 水彩笔染色、加重染色、制作阴影图层。比较柔软且褶皱不多的布料区域，不需要高光点和反光。绘制步骤如图 3-234 所示。

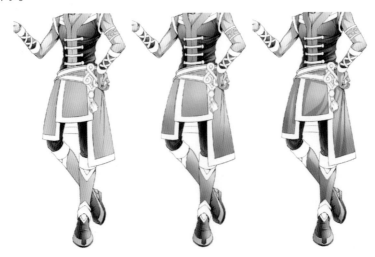

图 3-234　服饰上色 3

（4）腿部的淡蓝色区域需要做反光的效果，然后将腿部空着的一小部分区域补充画完，绘制步骤如图3-235所示。

图3-235 服饰上色4

（5）将衣服上所有的包边部分绘制完成，绘制步骤如图3-236所示。

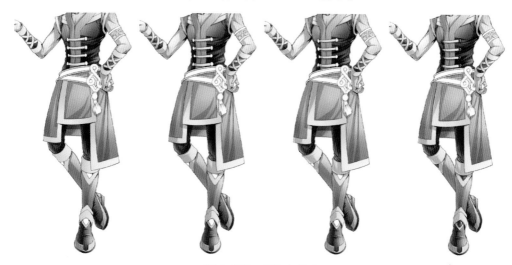

图3-236 服饰上色5

（6）腰带部分的颜色就用红金配色，这样可以与衣服的颜色区分开来，更加明显夺目。在整体的蓝紫色服饰的基调上用红色来点缀，是比较鲜艳的。基本上是按照三套色或五套色的原则来配色的，这样搭配比较轻松而且更有整体效果。如果在配色方面掌握得不熟练，可以找一些色谱作为搭配参考，中长调、中短调等配色调式都是比较容易掌握的。绘制步骤如图3-237所示。

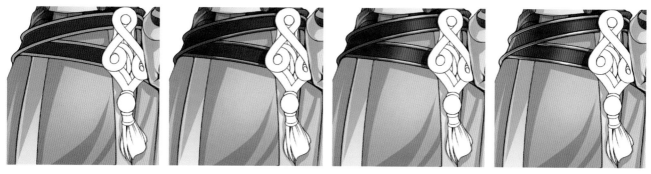

图3-237 服饰上色6

（7）腰带上饰物的颜色则采用绿色配色，腰带底下有大面积饱和度不高的淡蓝色，红色和绿色在一起会有明显的撞色效果，这是由颜色面积的分布不同而造成的。为了表现出服饰的体积感，高光点需要沿着服饰结构的边缘绘制。绘制步骤如图 3-238 所示。

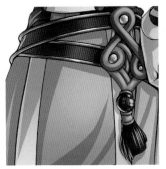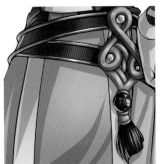

图 3-238　服饰上色 7

（8）胳膊上臂环部分的颜色就用蓝色和绿色，绘制步骤和效果如图 3-239 所示。

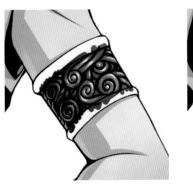

图 3-239　服饰上色 8

四、整体处理与线条变色

（1）给手上的砖块简单上色，不需要太复杂，然后强化腰带和饰物在衣服上产生的阴影。绘制步骤如图 3-240 所示。

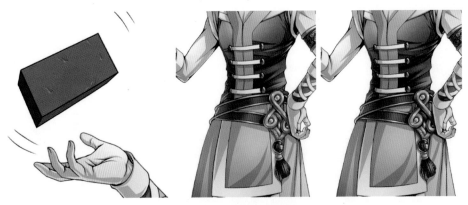

图 3-240　砖块与腰饰阴影强化

（2）最后一步就是做线条变色。简单来说，就是在线稿图层锁定其图层不透明度，然后拿画笔工具或者水彩笔工具给原本的黑色线条染色。一般选取线条周围的颜色，选好后在色板中移动并选取稍重一点的颜色，再用画笔和水彩笔将其晕染开，颜色稍微过渡后即可。线稿变色效果如图 3-241 所示。

（3）上色完成后最终效果如图 3-242 所示。

图 3-241　线条锁定染色　　　　　　　　图 3-242　最终完成效果

（4）同样用这种方法绘制出来的其他作品如图 3-243 所示。这种方法比较快速，不需要在层次上或者笔触上过于精细，这种上色方法在现在的彩色漫画中比较流行，其优点是干净、清爽、颜色丰富。

图 3-243　同类作品 1

（5）SAI 笔刷流快速染色法在漫画中应用得较多，如果是给家族、门派等人物设计时，配色方面可以极其相似，只需要在局部颜色的饱和度和亮度上稍做变化。

另外也可以在佩饰、人物的衣物、鞋子等方面做稍微不同的颜色搭配，如图 3-244 所示。

图 3-244　同类作品 2

（6）这里有一些角色的头像大图（见图 3-245），这样读者可以更加仔细地观察上色细节，特别是颜色方面的变化。

图 3-245　头像集合

五、SAI 笔刷流快速染色法的简略流程表

（1）油漆桶工具→"扩展 1 像素填充"→铅笔工具→快速填色，再使用水彩笔染重点色。

（2）在有选区范围的情况下，用铅笔工具绘制 1~2 层阴影，再用水彩笔把局部轮廓晕染开并过渡。

（3）在有选区范围的情况下，用铅笔工具绘制反光，强化阴影部分，注意嘴巴、眼睛等细节部位。最后做白色高光效果。

（4）锁定线稿图层的不透明度，用画笔工具或者水彩笔工具染色。绘制步骤如图 3-246 所示。

图 3-246　流程步骤图

第四章

直接绘画成像法

ZHIJIE HUIHUA CHENGXIANGFA

第一节　素描叠色法

一、素描稿起稿

　　PS 素描叠色法是一种常见的绘画方法。主要绘制流程是先将原图画成黑白的效果，然后在其上新建一个图层，利用图层中的"颜色""柔光""叠加"等属性给黑白底稿罩染一个颜色。

　　（1）笔刷直接选择绘画专用的"PS 终极笔刷"中的铅笔工具（见图 4-1）。这种是在网上可以下载的 PS 终极笔刷，PS 终极笔刷基本上集合了绘画常用的各种画笔。

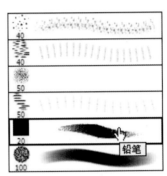

图 4-1　绘画用笔刷

　　（2）用铅笔工具直接起稿，把角色的轮廓和五官大致勾勒出来（见图 4-2）。然后将底色改为灰色（见图 4-3），合并全部图层。

　　把铅笔工具的流量值和不透明度调低，选取各种灰色来表达画面中的明暗关系（见图 4-4），不需要注意笔触颜色间的过渡。

图 4-2　铅笔稿

图 4-3　灰色底色

图 4-4　素描起稿 1

（3）细化角色的明暗五大调子，特别是反光和高光部分要仔细绘制。绘制步骤如图 4-5 所示。

图 4-5　素描起稿 2

（4）再次细化、修整，尽量使用大笔触，不涂抹。绘制步骤如图 4-6 所示。

图 4-6　素描起稿 3

（5）画面整体有些偏暗，明暗对比过于明显，进入色彩罩染之前，执行"图像"—"调整"—"曲线"命令，调整"曲线"数值（见图 4-7）。

数值设置完成后，灰色占的区域会变大，纯白和纯黑的区域开始缩小，这样有利于之后的颜色罩染。准备到这里，素描效果基本完成了（见图 4-8），下一步就进入色彩罩染的阶段了。

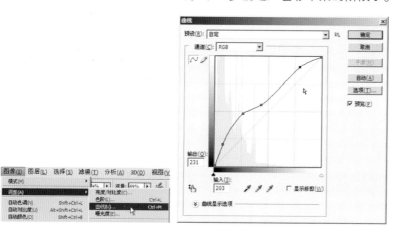

图 4-7　曲线调整黑白灰　　　　　　　　　　图 4-8　素描效果基本完成

二、色彩罩染叠色

（1）这一小节主要介绍如何给黑白稿子染色，首先新建一个带点颜色的图层，颜色要铺满整个图层，然后把图层属性设置为"叠加"模式，可以看到画面颜色稍亮，颜色对比强烈。绘制步骤如图 4-9 所示。

（2）在图层面板的底端点击"创建新的填充或者调整图层"按钮，选中"曲线"，这样就会弹出曲线调整面板。在曲线调整面板调整我们现阶段所看到的整体颜色色调，可以 RGB 整体调整，也可以单独调整红色或者任何单色。绘制步骤和效果如图 4-10 所示。

图 4-9　颜色罩染 1

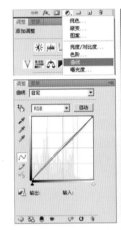

图 4-10　颜色罩染 2

（3）整体色调调整好以后，就要开始进行局部染色。新建一个空白图层，用喷枪工具或者笔刷配合皮肤颜色对皮肤区域进行简单上色，然后把图层属性设置为"柔光"模式，调整图层不透明度。绘制步骤如图 4-11 所示。

图 4-11　颜色罩染 3

（4）再用颜色饱和度较高的颜色给皮肤区域上色，把图层属性设置为"叠加"模式，通过调整图层不透明度或调整色相饱和度的方法使颜色趋向自然。绘制步骤和效果如图 4-12 和图 4-13 所示。

（5）新建一个图层，将属性设置为"叠加"模式（见图 4-14），用重色调整眼睛、眼窝、眉弓等部位的颜色深度和饱和度。绘制效果如图 4-15 所示。

图 4-12　颜色罩染 4

图 4-13　颜色罩染 5

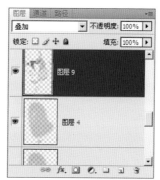
图 4-14　颜色罩染 6

图 4-15　颜色罩染 7

（6）把鼻头、嘴巴等部位的颜色加深，如果笔刷过于明显，可以用涂抹工具配合"加油混合笔"涂抹，这样会使红色自然过渡到周围区域，到这里皮肤颜色部分基本上完成了。绘制步骤和效果如图 4-16 和图 4-17 所示。

（7）利用图层中的"叠加""柔光""正片叠底""滤色""颜色"等属性，可以简单地进行颜色罩染。每种图层属性的效果不一样，例如"正片叠底"就是加重暗色的，"叠加"是使颜色变亮变鲜艳。每个图层染色完成后，可以通过调整色相饱和度或调整图层曲线等方法进行颜色微调。颜色罩染的步骤和最终效果如图 4-18 所示。

图 4-16　颜色罩染 8

图 4-17　颜色罩染 9

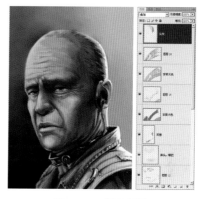
图 4-18　颜色罩染 10

三、后期加工整理

（1）新建一个名为"染色图层"的图层组文件夹，把所有与染色相关的图层全部收纳进去。

将有关素描的图层全部合并，隐藏好素描图层以后，可以看到所有染色图层的效果。绘制步骤如图 4-19 所示。

图 4-19　后期整理 1

（2）选取 "毛发－粗" 笔刷，用笔刷刷出头发和眉毛，可以配合少许白色，表现出人物苍老的状态。绘制步骤如图 4-20 所示。

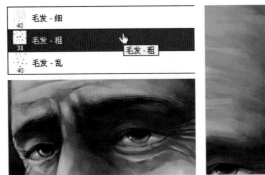

图 4-20　后期整理 2

（3）新建一个空白图层，再选取 "斑点笔"（见图 4-21），添加一些暗蓝色或者黑色的胡茬（见图 4-22），用橡皮擦工具（将橡皮擦工具流量值调低）擦除一些胡茬，这样会更真实；同时调整图层的透明度，以免过于明显。绘制效果如图 4-23 所示。

图 4-21　后期整理 3　　　　　　　图 4-22　后期整理 4

（4）调整光效和细节部分后，基本上后期整理工作就完成了。这种素描叠色法比较简单，只要素描关系能够表达清楚，颜色染色就很简单。最终效果如图 4-24 所示。

图 4-23　后期整理 5　　　　　　　图 4-24　最终效果

四、PS 素描叠色法——简略流程表

1. 草稿

简单使用铅笔工具，把大体轮廓以及黑、白、灰基本区分开来，如图 4-25 所示。

图 4-25　流程步骤图 1

2. 素描关系塑造

各种画笔均可使用，但是只有粗细变化的画笔就不行。颜色过渡的区域用涂抹工具稍微涂抹即可。最后用大笔刷工具绘制，以免画面过于细腻；同时用"曲线"调整灰度层次。绘制步骤如图 4-26 所示。

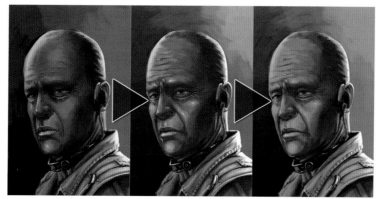

图 4-26　流程步骤图 2

3. 图层染色

利用图层中的"叠加""滤色""颜色""柔光""正片叠底"等属性给素描稿染色。每个图层可以使用"曲线"或"色相饱和度"来调整色彩适合度。绘制步骤如图 4-27 所示。

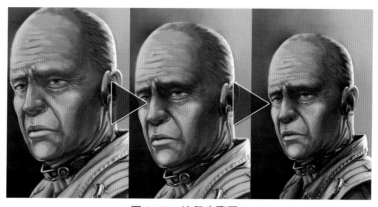

图 4-27　流程步骤图 3

4. 后期加工

最后添加细节，例如，头发的发丝、皮肤的毛孔、胡茬等。绘制步骤如图 4-28 所示。

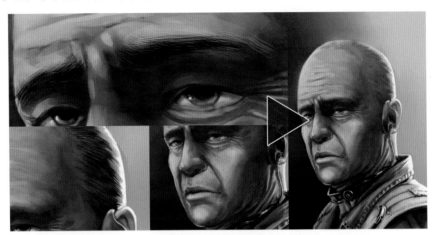

图 4-28 流程步骤图 4

第二节 直接画法——角色的快速表现

概念设计已经不属于某种专门的画法，它属于 CG 绘画中按照商业应用方向划分的一个门类，而其主要的绘制方法就是直接画法，也就是常说的厚涂法。

这一小节只简单介绍概念设计中角色的快速表现，重点介绍笔刷配色等方面的知识。

一、快速起稿与上色

（1）起草稿，定好角色动态及其身上的铠甲装备（见图 4-29）。

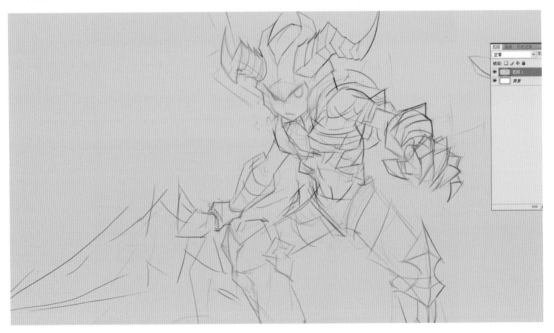

图 4-29 初始铅笔草图

这时候可以用普通笔刷，但是笔刷的流量值和透明度要稍微调低，这样画起来会有明显的轻重感，就和铅笔工具效果一样。

角色造型方面主要参考与北欧题材相关的游戏和动画，铠甲的设计不需要太狰狞，因为是 Q 版风格。但是头盔参考了《维京海盗》的造型，将其设计成旋角样式。

（2）修改细节，确定角色动态。改变脚部的姿势，丰富其他部分的设计，造型不能太复杂。

有三个图层：一个草稿图层；一个底色图层；一个背景图层。

勾线笔采用默认的"硬边圆压力大小"画笔（见图 4-30），也就是常说的尖角画笔，草稿图层属性设置为"正片叠底"模式，其他数值略小即可。勾线步骤如图 4-31 所示。

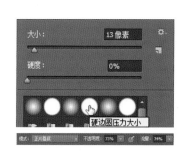

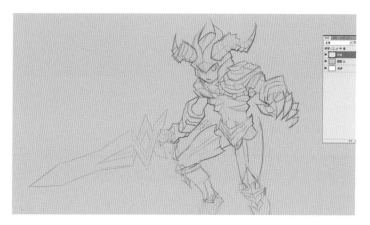

图 4-30　勾线笔的调整　　　　　　　　　　　　　图 4-31　开始详细勾线

（3）新建一个图层上色，确定大的色彩关系和配色。

如果颜色涂抹易超出涂抹范围，可以用自由套索工具简单套出选区，然后在选区内进行绘制。

基本涂完的时候取消选区，再用画笔加工边缘即可。绘制效果如图 4-32 所示。

上色笔采用"硬边圆压力不透明度"画笔，模式为"正常"，不透明度和流量稍低（见图 4-33）。如果觉得画笔不够细腻，可在画笔面板中调整"硬度"和"间距"（见图 4-34）。

（4）细节的深入是从整体到局部。颜色层次、光影、远处部件的虚化效果等细节都要慢慢绘制。

在原有的草图上再次设计铠甲并强化其质感和光感。草稿图层多余的部分可以慢慢擦除，全部完成后草稿图层就可以隐藏或者删掉。

上色笔还是采用"硬边圆压力不透明度"画笔，按照光感要求不断调整流量和透明度就可以了。绘制效果如图 4-35 所示。

图 4-32　大面积铺色效果　　　　　　　　　　　　图 4-33　上色笔的调整

图 4-34 画笔面板详细调整

图 4-35 光感塑造

（5）注意整体效果的把握。

将完成上色后的画复制一份，放置在图层顶部，然后调整亮度和饱和度，剩下的部分用套索工具套出角色整体造型选区，整个画面颜色要统一，画面下边颜色要给人深沉灰暗的感觉，这样会使角色的右肩处离光源较近。绘制效果如图 4-36 所示。

（6）加上背景，烘托气氛。

在角色的下方新建一个空白图层用来画岩石，颜色选用灰蓝色，这样不突兀又可以衬托铠甲的紫色。岩石的暗部可以用套索工具套出来直接填充重色，远处的物体细节不需要表现得太明显。绘制效果如图 4-37 所示。

图 4-36 色调统一

图 4-37 添加石台

（7）深入设计和刻画。仔细处理好金属铠甲转折面的光线颜色对比，暗色部分的明度和饱和度要稍微降低，高光部分要强化，如金属铠甲比较尖锐的边缘部分。最后要处理铠甲的缝隙部分，缝隙用深色表达，同时，其旁边应该有亮色衬托，这样缝隙的凹凸感才能体现出来。绘制效果如图 4-38 所示。

（8）深入细节表现。上半身的草稿已经全部被颜色溶掉或者被手动擦除了，需要再次强化铠甲的体积、光感、质感等。例如，肩甲部分的铠甲豁口可以稍微强化，使其更加自然，皮肤五官等部分再次进行简单绘制。绘制效果如图 4-39 所示。

图 4-38　质感细节添加

图 4-39　五官简单绘制

二、添加背景与整体调整

（1）观察整体，看颜色的饱和度是否合适，反光部分是否协调。铠甲相互间的阴影、高光点、边缘整齐度等都需要再进行细致的处理。

武器方面用多边形套索工具来制作选区，每一个局部套好后再进行绘制加工，剑刃和剑身一定要用颜色区分开来。绘制效果如图 4-40 所示。

（2）新建一个图层，绘制好背景，因为有底色的存在，背景图层绘制好以后再调整图层属性。例如，图 4-41 中选择的图层属性是"强光"模式，这样可以让背景颜色和底色融为一体，不会显得那么突兀。如果觉得背景颜色抢眼，可以适当地调整"色相饱和度""曲线""图层不透明度"等数值，最终目的是使颜色和谐。绘制效果如图 4-41 所示。

图 4-40　武器塑造

图 4-41　背景大色块添加

（3）选择所有的图层，复制并合并成一个图层，放置在图层最上方用来做整体调整。可以使用"曲线""色相饱和度""调整图层""加深减淡海绵"等工具不断地调整画面，直到满意为止。绘制效果如图 4-42 所示。

（4）最终整理效果如图 4-43 所示，左肩甲部分加了淡绿色的反光，可以和背景颜色区分开来。这种画法不算精致，但胜在快速，用作概念角色设计是很为方便的，只要 1.5～2 小时即可完成。

图 4-42　色彩调整

图 4-43　最终整理效果

第三节 笔刷流——数字风景绘画实例

　　数字风景绘画属于概念设计中的场景设计，主要为游戏场景或者影视概念设计图服务。近年来概念设计应用范围越来越广，也就导致了概念设计细分得越来越精致。本节通过三个数字风景绘画实例来讲解笔刷流在数字风景绘画中的应用。

一、旧船

　　（1）PS 软件的笔刷库非常强大，可以模拟出传统架上绘画的笔触和肌理。

　　这一步运用的是局部晕染的绘画方法，和古典油画的画法有点类似。首先绘制背景和主体，用留白的方法留出船身的形状（见图 4-44）。

　　（2）从局部开始深入，慢慢画出船体的其他细节（见图 4-45）。

图 4-44　喷枪工具与粉笔工具打底　　　　　　　　图 4-45　喷枪工具配合粉笔工具局部深入

　　画面中要绘制出基本的颜色关系和素描关系，除了使用 PS 固有的画笔外，可以在网上下载"Blur's good brush 5"笔刷，这套笔刷包含各种常用的仿自然介质画笔。

　　（3）在颜色关系和素描关系绘制好后，可以利用肌理笔刷来表现不同材质的质感（见图 4-46）。部分画笔自带肌理效果，也可以在画笔面板中勾选"纹理"或"双重画笔"选项，这样可以产生特殊的纹理或者边缘效果。

　　（4）继续画出船体的其他细节，先晕染好颜色关系和素描关系，然后加入细节的刻画，表现出木质船体的质感（见图 4-47）。

　　（5）在不断地完成局部刻画之后，对画面的整体气氛做一些适当的调整（见图 4-48）。

　　（6）这一步要添加木头材质的细节，绘制出船体斑驳的质感（见图 4-49）。

　　（7）整体调整画面，完善主次关系，最终效果如图 4-50 所示。

图 4-46　利用带肌理的笔刷刻画质感

图 4-47　逐渐推进到其他部分

图 4-48　大肌理笔刷铺垫背景

图 4-49　添加木头材质细节

图 4-50　最终效果

二、藏马山青

（1）首先用大笔刷工具营造出天空的氛围，用画笔表现出冷暖颜色间的微妙变化（见图 4-51）。

（2）用大笔触工具绘制出前面的草地，在绘制的过程中要注意颜色的补色关系（见图 4-52）。

图 4-51　高速大笔刷工具绘制天空

图 4-52　大笔触绘制草地

（3）用颜色表达山体的前后关系，后面的山体在远处，用淡蓝的冷色调将其融到空气中。绘制步骤如图 4-53 至图 4-55 所示。

图 4-53　添加远山

图 4-54　细化远山

图 4-55　地平线附近颜色饱和度稍高

（4）开始绘制画面中间的树木，把画面的空间感切割开。绘制步骤如图 4-56 至图 4-58 所示。

图 4-56　添加树丛

图 4-57　细化树丛

图 4-58　左下角树丛添加补色

（5）局部调整画面，将远处的山体进行弱化，绘制出前后的空间感（见图 4-59）。

（6）绘制出前景中的小树，丰富画面的空间关系（见图 4-60）。

图 4-59　弱化远处山体

图 4-60　绘制前景中的小树

（7）继续完善画面的细节，最后在画面的右面加入马匹，最终效果如图 4-61 所示。

图 4-61　最终效果

三、雪缀珠山

（1）首先用大笔刷工具营造出整体气氛，绘制出山体的前后层次关系（见图 4-62）。

（2）绘制出画面的重颜色，用补色和明度拉开画面的前后关系，注意画面的颜色变化（见图 4-63）。

图 4-62　大笔刷工具铺垫与润色

图 4-63　用补色和明度拉开前后关系

（3）从画面整体效果出发，控制好笔触变化（见图 4-64）。

（4）深入刻画细节，用不同的笔触绘制出岩石的质感（见图 4-65）。

（5）利用笔触和笔刷肌理绘制出草丛的层次关系（见图 4-66）。

（6）绘制出画面前段的树枝，丰富画面的细节（见图 4-67）。

（7）最后画出山体间的积雪，点缀出画面的细节，最终效果如图 4-68 所示。

草地局部细节如图 4-69 所示。

图 4-64　整体铺垫与丰富场景

图 4-65　各种材质笔刷刻画细节

图 4-66　绘制出草丛的层次关系

图 4-67　绘制出画面前段的树枝

图 4-68　最终效果

图 4-69　草地局部细节